Thomas Wüstefeld
Klaus-Peter Wiedmann
Frank Bachmann

Markentradition als Erfolgsfaktor in der Automobilbranche

Thomas Wüstefeld
Klaus-Peter Wiedmann
Frank Bachmann

Markentradition als Erfolgsfaktor in der Automobilbranche

Gestaltungsperspektiven auf Basis einer empirischen Studie

Südwestdeutscher Verlag für Hochschulschriften

Impressum/Imprint (nur für Deutschland/ only for Germany)
Bibliografische Information der Deutschen Nationalbibliothek: Die Deutsche Nationalbibliothek verzeichnet diese Publikation in der Deutschen Nationalbibliografie; detaillierte bibliografische Daten sind im Internet über http://dnb.d-nb.de abrufbar.

Verlag: Südwestdeutscher Verlag für Hochschulschriften Aktiengesellschaft & Co. KG
Dudweiler Landstr. 99, 66123 Saarbrücken, Deutschland
Telefon +49 681 37 20 271-1, Telefax +49 681 37 20 271-0, Email: info@svh-verlag.de
Zugl.: Institut für Marketing und Management, Leibniz Universität Hannover

Herstellung in Deutschland:
Schaltungsdienst Lange o.H.G., Berlin
Books on Demand GmbH, Norderstedt
Reha GmbH, Saarbrücken
Amazon Distribution GmbH, Leipzig
ISBN: 978-3-8381-1125-4

Imprint (only for USA, GB)
Bibliographic information published by the Deutsche Nationalbibliothek: The Deutsche Nationalbibliothek lists this publication in the Deutsche Nationalbibliografie; detailed bibliographic data are available in the Internet at http://dnb.d-nb.de.

Publisher:
Südwestdeutscher Verlag für Hochschulschriften Aktiengesellschaft & Co. KG
Dudweiler Landstr. 99, 66123 Saarbrücken, Germany
Phone +49 681 37 20 271-1, Fax +49 681 37 20 271-0, Email: info@svh-verlag.de

Printed in the U.S.A.
Printed in the U.K. by (see last page)
ISBN: 978-3-8381-1125-4

Inhaltsverzeichnis

Abbildungsverzeichnis

Tabellenverzeichnis

Abkürzungsverzeichnis

Abs.	Absatz
AG	Aktiengesellschaft
ANOVA	Analysis of variance
Aufl.	Auflage
Bd.	Band
bspw.	Beispielsweise
bzw.	Beziehungsweise
CA	Cronbach´sche Alpha
ca.	Circa
d.h.	das heißt
div.	Diverse
erw.	Erweitert
et al.	et alii (und andere)
f.	Folgende
H	Hypothese
HGB	Handelsgesetzbuch
Hrsg.	Herausgeber
Jg.	Jahrgang
KMO	Kaiser-Meyer-Olkin
lat.	Lateinisch
Lkw	Lastkraftwagen
MarkenG	Markengesetz
mind.	Mindestens
Mio.	Million
Mrd.	Milliarde
MSA	measure of sampling adequacy
No.	Number
Nr.	Nummer
o.ä.	oder ähnliches
o.g.	oben genannte
OICA	Organisation Internationale des Constructeurs d'Automobiles
Pkw	Personenkraftwagen
S.	Seite
SOR	Stimulus-Organismus-Response
SPSS	Superior Performing Software System
Stk.	Stück
T zul. Ges.-Gew.	Tonnen zulässiges Gesamtgewicht
u.a.	unter anderem
überarb.	Überarbeitete
usw.	und so weiter
VDA	Verband der Automobilindustrie
vgl.	Vergleich
Vol.	Volume (Ausgabe/Heft)
VW	Volkswagen
VWN	Volkswagen Nutzfahrzeuge
z.B.	zum Beispiel
z.T.	zum Teil

1 Einleitung

1.1 Relevanz des Themas

Die in Literatur und Praxis oft angesprochenen **Herausforderungen** wie z.B. die zunehmende Globalisierung, die wachsende Komplexität oder die Dynamik des Umfeldes, sind nicht die einzigen Anforderungen, denen sich Unternehmen aktuell stellen müssen (vgl. Kotler/Keller, 2007, S. 4). Vor allem in den letzten Jahren sind die Märkte von Informationsüberlastung und immer homogeneren Leistungen geprägt gewesen. Diese teilweise explosionsartige Zahl angebotener Leistungen führt zu einer regelrechten Inflation von Produkten und Märkten[1] (vgl. Esch, 2007, S. 25). Die „Überschwemmung" der Märkte hat einen direkten Einfluss auf das Konsumentenverhalten. Zwar bedeutet dies eine hohe Angebotsvielfalt sowie Wahlfreiheit aus Sicht des Kunden, jedoch geht diese zu Lasten des Überblicks und beschränken die Informationsverarbeitungskapazitäten. Aus diesem Angebotschaos heraus schaffen es somit nur wenige Marken bekannt und in den Köpfen der Kunden akzeptiert zu werden.

Um diesen Herausforderungen dennoch entgegen zu treten, bedarf es eines anforderungsgerechtem Markenmanagement[2]. Starke Marken, als Vorstellungsbilder in den Köpfen der Konsumenten, besitzen eine Identifizierungs- und Differenzierungsfunktion und können so als Orientierungshilfe in diesem Überangebot dienen (vgl. Esch/Wicke, 2001, S. 20; Keller, 2003a, S. 9-12).
Auch empirisch kann der **Einfluss der Marke** anhand der Studie der BBDO[3] und den Testergebnissen von der Stiftung Warentest nachgewiesen werden. Die Studie der BBDO ergab, dass durchschnittlich 62% der Konsumenten Marken in unterschiedlichen Produktgruppen für austauschbar halten und somit eine Abgrenzung der eigenen Marke von anderen Marken nicht nur eine hohe Bedeutung hat, sondern notwendig erscheint (vgl. BBDO, 2004a). Und auch Stiftung Warentest zeigt auf, dass die Marke immer mehr an Relevanz gewinnt, um sich von anderen Unternehmen bzw. Produkten zu unterscheiden. So hat die Analyse von 102 Tests in den Jahren 1993 und 1994 ergeben, dass ca. 85% der getesteten Produkte mit „gut" bewertet wurden und so eine Abhebung von Substitutionsprodukten kaum noch durch Qualität möglich ist (vgl. Kullmann, 2006, S. 5). Eine

[1] Als Beispiel ist vor Augen zu führen, dass in Deutschland derzeit über 1200 Automodelle existieren (vgl. Esch, 2007, S. 25).

[2] In der Literatur existiert eine Vielzahl verschiedener Arbeiten, die sich mir der Marke und deren Auswirkung auf das Konsumentenverhalten beschäftigen. Vergleiche hierzu ausführlich: Aaker, 1991; Riedel 1996; Bekmeier-Feuerhahn, 1998; Kapferer, 1998; Esch, 2001.

[3] In dieser Studie untersuchte die BBDO die durch den Konsumenten wahrgenommene Markengleichheit. Dabei wurden in den Jahren 1987, 1993, 1999 und 2004 rund 2000 Probanten bezüglich ihrer wahrgenommenen Markengleichheit in 41 Produktkategorien befragt (vgl. BBDO, 2004).

Differenzierung vom Wettbewerb und eine positive Wahrnehmung der Konsumenten hängen somit stark von der jeweiligen Marke ab (Göttgens et al., 2003, S. f.).
Doch wie soll diese Differenzierung ausgestaltet werden? Damit eine Marke dauerhaft als Alternative in Betracht gezogen wird und sich die Marke fest in den Köpfen der Konsumenten verankert, sollte das Markenmanagement an der Wurzel der Marke, deren Identität, ansetzen (vgl. Esch/Brunner, 2006, S. 175). In diesem Zusammenhang spielt insbesondere die **Markentradition** eine wichtige Rolle als Erfolgsfaktor. Das nach innen und außen gerichtete Bewusstsein und die Kommunikation der eigenen Tradition bietet das Potential, die Marke in den Augen des Konsumenten glaubwürdig und sicher erscheinen zu lassen und somit der angesprochenen Markengleichheit entgegenzuwirken (vgl. Aaker, 1996, S. 145 f.; Meffert, 2006, S. 146). Zudem sind Traditionsmarken in der Lage, aufgrund ihrer soliden Durchsetzungsfähigkeit über Jahre hinweg, eine starke Vertrauensbasis zum Konsumenten aufzubauen, dadurch positiv auf das Markenimage[4] zu wirken sowie Kontinuität für die Zukunft zu signalisieren (vgl. Brandejsky et al., 2006, S. 417).

Durch ein geeignetes Management von Traditionsmarken scheint es möglich, den Anforderungen aus exorbitant hoher Angebotsvielfalt und Produkthomogenität gerecht zu werden und sich aus der Masse herauszudifferenzieren. Somit sollte, nicht zuletzt auch durch die stetig wachsende Nachfrage nach Traditionsmarken, die Tradition einer Marke fester Bestandteil der Markenführung sein (vgl. Meffert/Burrmann, 2002, S. 59-61).

1.2 Zielsetzung und Abgrenzung der Arbeit

Sowohl in der Wissenschaft als auch in der Praxis herrscht mittlerweile weitgehend Einigkeit über die Bedeutung von Marken[5]. Auch wurden aus theoretischer Sicht unterschiedliche Einflussgrößen auf den Erfolg der Markenführung, wie z.B. die angesprochene Tradition eines Unternehmens, identifiziert. Jedoch mangelt es häufig an einer empirischen Validierung (vgl. Geus, 2005, S. 8).
Ziel dieser Arbeit ist es mittels einer **empirischen Untersuchung** die Bedeutung des Konstruktes „Markentradition" zu analysieren und deren Auswirkungen auf das Konsumentenverhalten zu modellieren.
Dabei wird diese Arbeit grundlegend in zwei Bereiche aufgeteilt. In dem ersten Bereich ist die Zielsetzung das Konstrukt der Markentradition auf Basis eines ausgewählten theoretischen Modells zu

[4] Das die Markentradition als positiver Werttreiber für das Markenimage anzusehen ist, konnte durch mehrere Studien gezeigt werden (vgl. hierzu BBDO, 2005 sowie Diez, 2006, S. 189 f.).
[5] Auch empirisch konnten Auswirkungen verschiedener Einflussgrößen des Markesmarkenerfolges nachgewiesen werden (vgl. hierzu Geus, 2005 sowie BBDO, 2004b).

operationalisieren. Dabei werden im Laufe der Studie Items generiert, die in der Lage sind diese zu messen und so die Möglichkeit einer regressionsanalytischen Prüfung der Wirkungsgrößen zu ebnen. Im darauf folgenden Bereich werden dann Ursache-Wirkungszusammenhänge der Tradition einer Marke auf das Konsumentenverhalten untersucht (genauer: auf bestimmte verhaltenswissenschaftliche Wirkungsgrößen der Markenführung).
Im Verlauf dieser Arbeit sollen dabei folgende **Fragestellungen** geklärt werden:

- Wie kann das Konstrukt Markentradition theoretisch operationalisiert werden?
- Kann eine theoretische Operationalisierung empirisch überprüft werden?
- Welche Auswirkung hat die Markentradition auf die Wahrnehmung der Marke bzw. auf das Konsumentenverhalten?
- Welche Schlussfolgerungen und Empfehlungen lassen sich aus den empirischen Erkenntnissen ableiten und inwieweit kann bei der Markentradition von einem Erfolgsfaktor gesprochen werden?

Das Hauptaugenmerk dieser Arbeit und somit auch der o.g. Fragestellungen richtet sich dabei weder an allgemeine, theoretische Überlegungen zur Markenwirkungen, noch werden umfangreiche und breit angelegte Konsumentenverhaltentheorien besprochen. Im Fokus der Betrachtung liegen bestimmte verhaltenswissenschaftliche Aspekte der Markenführung sowie deren Entwicklung und Wirkung. Die erste Kernaufgabe, die **Operationalisierung des Konstruktes Markentradition** sowie die praktische Umsetzung, bedient sich dabei der Anlehnung an die theoretischen Überlegungen von *Buß* und dem von ihm entwickelten Modell[6]. Die zweite Kernaufgabe, die **Markentradition als Erfolgsfaktor** und Wirkgröße auf verhaltenswissenschaftliche Aspekte, baut dabei ebenfalls auf ein bestimmtes Modell auf. Hierbei wird sich auf bestimmte Teile des von *Geus* konzipierten Wirkungsmodells der Markenführung bezogen.[7]
Als Unterformen von Markenwirkung und Konsumentenverhalten wird sich sowohl in den empirischen Überlegungen, als auch im Rahmen der theoretischen Basis (theoretischer und konzeptioneles Bezugsrahmen) auf ausgewählte **wahrnehmungsbezogene und verhaltensbezogene** Größen beschränkt. Die wahrnehmungsbezogenen Größen sind dabei Markenimage, Markenzufriedenheit und Markenvertrauen, wohingegen die verhaltensbezogenen Größen Markenloyalität, Markenbindung, Preispremium und Kaufabsicht sind. Erweitert werden diese Wirkungsgrößen durch den Einfluss der Markentradition.

---

[6] Eine ausführliche Beschreibung dieses Modells wird in Abschnitt 3.1 vorgenommen.
[7] Eine ausführliche Darstellung des Wirkungsmodells der Markenführung von Geus wird in Abschnitt 3.2 vorgenommen.

Als weitere Abgrenzung ist festzuhalten, dass die Überlegungen und Auswertungen an eine bestimmte Branche festgemacht werden. Die für die vorliegende Arbeit herangezogene Brache ist die **Automobilbranche** bzw. die unter diesen Rahmen fallende und speziellere Nutzfahrzeugbranche. Vor diesem Hintergrund werden sich im Folgenden auch die gewählten Beispiele, die die theoretischen Überlegungen untermauern sollen, hauptsächlich auf den Automobilbereich beziehen. Und auch die Empirie wird direkt an die Nutzfahrzeugbranche gekoppelt werden. Dabei wird die zu untersuchende Unternehmensmarke, sowie deren speziellen Traditionsaspekte, an der Marke ***„Volkswagen Nutzfahrzeuge“*** festgemacht.

Damit sei jedoch auch klar hervorzuheben, dass sowohl die empirische Erhebung, als auch die Ergebnisse in direktem Zusammenhang mit der Marke *„Volkswagen Nutzfahrzeuge“* stehen. Die Tradition dieses Unternehmens, die Wahrnehmung dieser durch den Konsumenten sowie deren Wirkung ist somit spezifisch an der zu analysierenden Marke gekoppelt.

1.3 Gang der Untersuchung

Dieser Abschnitt soll zu einer verbesserten Übersicht der Methodik und des Aufbaus dieser Arbeit dienen, indem kurz die grundlegenden Arbeitschritte erläutert werden.

Insgesamt gliedert sich die Struktur der vorliegenden Arbeit in sechs Kapitel.
Nachdem im **ersten Kapitel** ein kurzer thematischer Überblick sowie eine Einführung in die Thematik vollzogen wurden, werden innerhalb des **zweiten Abschnittes**, die für diese Arbeit relevanten theoretischen Grundlagen gelegt. Da der Kern der Studie sich mit den Auswirkungen der Markentradition auf das Konsumentenverhalten am Beispiel der Automobilindustrie beschäftigt, liegt es nahe, zunächst Grundlagen in den Bereichen Markenführung, Markentradition und Konsumentenverhalten zu legen sowie eine kurze Charakterisierung der Automobil- und Nutzfahrzeugbranche vorzunehmen. Da zusätzlich die Untersuchungen praxisorientiert am Beispiel der Marke Volkswagen Nutzfahrzeuge vollzogen werden, erscheint es zweckmäßig auch einen kurzen Überblick über das Unternehmen zu geben.
Das **dritte Kapitel** beschäftigt sich darauf aufbauend mit dem Inhalt und Aufbau eines theoretischen sowie konzeptionellen Bezugsrahmens. Ziel dabei ist es, die zentralen konzeptionellen Inhalte für den darauf folgenden empirischen Teil aus theoretischer Sicht abzuleiten. Dabei wird der Frage einer möglichen Operationalisierung der Markentradition nachgegangen sowie deren Auswirkung auf verhaltenswissenschaftliche Konstrukte erörtert.

Der **vierte und zugleich praktische Abschnitt** ist der Hauptteil dieser Arbeit. Aufbauend auf der theoretischen Fundierung erfolgen hier die empirischen Untersuchungen. Mit Hilfe multivariater Analyseverfahren werden die Daten aus der Field-Research-Marktforschung[8] ausgewertet und die Ergebnisse vorgestellt sowie interpretiert[9].

Nachdem die Ergebnisse erörtert wurden, ist das Ziel des **fünften Abschnittes** Schlussfolgerungen zu ziehen und Gestaltungsempfehlungen abzuleiten.

Abschließend und resümierend, endet die Arbeit mit einem Fazit und einem Ausblick im **sechsten Abschnitt**.

2 Definitorische Einordnungen und theoretische Grundlagen

2.1 Markenmanagement

2.1.1 Begriffliche Grundlagen zur Marke

2.1.1.1 Entstehung und Definition der Marke

Der Begriff „Marke“ und sein angelsächsisches Pendant „Brand“ haben ihren Ursprung in unterschiedlichen Kulturen[10]. Schon bereits 2000 Jahre v. Chr. „markierten“ Krughersteller in Kanaan ihre Krüge und auch mittelalterliche Gildemeister versahen ihre Produkte mit einer Marke, um ihre konsistente Qualität hervorzuheben und sich von konkurrierenden Herstellern zu differenzieren (vgl. Esch, 2007, S. 1).

Der Bergriff Brand leitet sich aus der Zeit der Cowboys ab. Hier wurde die Markierung in Form von Brandzeichnung, also das Einbrennen als **Erkennungszeichen** des eigenen Viehs, verwendet. Erstmalig konnten komplexe Zusammenhänge wie Herkunft, Zugehörigkeit, Alter o.ä., kommuniziert werden (vgl. Prießnitz, 2006, S.5).

Somit wurden Marken folglich schon sehr früh zur Abgrenzung und Identifizierung von Waren und Herstellern genutzt (vgl. Keller, 2008, S. 43).

In Deutschland bildet die Möglichkeit der Markierung im 18. Jahrhundert den Hintergrund. Auch hier zeigte die Marke den Konsumenten auf, welches Produkt und welcher Hersteller sich hinter dem Erzeugnis verbargen. Darüber hinaus erfüllte sie eine wichtige **Erinnerungsfunktion**. Je ein-

[8] Field-Research-Marktforschung wird auch als Primärforschung oder Feldforschung bezeichnet, bei der die während der Marktforschung zu beschaffenden Informationen neu erhoben werden (vgl. hierzu Schneider, 2007, S. 43-45).

[9] Das Untersuchungsdesign sowie die verwendeten Analysemethoden werden ausführlich in Abschnitt 4.1 vorgestellt.

[10] Für einen vertiefenden Überblick über die Geschichte der Marke und ihren Ursprung vgl. Hansen/Bode, 1999, S. 49-53; Leitherer, 2001, S. 55-74 sowie Sattler, 2001, S. 23 f..

prägsamer die Marke war, desto schneller wurde aus einem Markenartikel ein so genannter „Merkartikel“ (vgl. Prießnitz, 2006, S.5).

In der Literatur existiert eine Vielzahl von unterschiedlichen Definitionen[11] und Begriffserklärungen zum Thema Marke und Markierung[12]. Ganz allgemein kann zwischen einer betriebswirtschaftlichen und juristischen Sicht unterschieden werden. Eine gängige betriebswirtschaftliche Definition, die den Kern unterschiedlichster Verständnisse des Begriffs Marke widerspiegelt, beschreiben Kotler und Bliemel. Sie definieren „Marke als einen Namen, Begriff, ein Zeichen, Symbol oder eine Gestaltungsform oder eine Kombination aus diesen Bestandteilen zum Zwecke der Kennzeichnung der Produkte oder Dienstleistungen eines Anbieters oder Anbietergruppe und zu ihrer Differenzierung gegenüber Konkurrenzangeboten.“ (Kotler/Bliemel, 1993, S. 641). Aus juristischer Sicht haben Marken eine Kennzeichnungs- und Unterscheidungsfunktion, die es nach dem am 01.01.1995 in Kraft getretenen Markengesetz (MarkenG) zu schützen gilt. Hierunter fallen: Marken, geschäftliche Bezeichnungen und geographische Herkunftsangaben (vgl. Gille et al., 2009, § 1).

Weiter ausdifferenziert und immer noch vor dem Hintergrund der Vielzahl unterschiedlichster Definitionen bzw. Erklärungsansätze, lassen sich exemplarisch drei grundsätzliche Sichtweisen des Markenverständnisses[13] aufzeigen (vgl. Esch, 2007, S. 18-24; Burmann et al., 2005, S. 5-8):

a) der klassische, merkmalsbezogene Ansatz,

b) der rechtliche Ansatz und

c) der wirkungsorientierte bzw. konsumentenorientierter Ansatz .

Der **klassische, merkmalsbezogene Ansatz**[14] beschreibt hauptsächlich das physische Kennzeichnen für die Herkunft von Marken. Hier werden in erster Linie Merkmale wie Preis, gleich bleibende Qualität, Ubiquität oder Aufmachung, beschrieben (vgl. Mellerowicz, 1963, S. 39; Domizlaff, 1939; 1992, S. 37-42).

---

[11] Der Terminus Marke wird in Wissenschaft und Praxis vielfältig und teilweise uneinheitlich definiert. Eine tabellarische Übersicht von differenzierten Verwendungen und Definitionen haben Burmann et al. erarbeitet (vgl. hierzu Burmann et al., 2005, S. 5).

[12] Neben den aufgezeigten uneinheitlichen Definitionen werden in der Literatur sowie im allgemeinen Sprachgebrauch, die Begriffe uneinheitlich verwendet und abgegrenzt. So werden häufig die Begriffe Marke, Markierung, markierte Ware, Markenzeichen oder Markenartikel synonym verwendet (vgl. Baumgarth, 2004, S. 1-3; Bruhn, 2004, S. 5-6).

[13] Für weitere und differenziertere Ansätze des Markenverständnis sowie deren Entwicklungen und Erweiterungen vgl. Huber, 2004, S. 49; Wenske, 2008, S. 77.

[14] In der Literstur findet man für den merkmalsorientierten Ansatz div. weitere Begriffabgrenzungen. So wird bspw. auch von dem intensitätsbezogenen Ansatz, dem herkunftsbezogene Ansatz oder dem instrumental Ansatz gesprochen (vgl. ausführlich Schiele, 1999; Meffert/Burmann, 1996; Bruhn 2004).

Der **rechtliche Ansatz** hingegen wird insbesondere nach dem o.g. Markenschutzgesetz determiniert. Demnach können als Marken „alle Zeichen, insbesondere Wörter einschließlich Personennamen, Abbildungen, Buchstaben, Zahlen, Hörzeichen, dreidimensionale Gestaltungen einschließlich der Form einer Ware oder ihrer Verpackung sowie sonstiger Aufmachung einschließlich Farben und Farbzusammenstellungen geschützt werden, die geeignet sind, Waren oder Dienstleistungen eines Unternehmens von denjenigen anderer Unternehmen zu unterscheiden" (MarkenG, 1995, §3 Abs. 1).

Der Erklärungsgehalt der beiden bisher vorgestellten Ansätze reicht in der heutigen Zeit jedoch nicht aus. Zudem sind sie zu eng gefasst, da alleinige Informationen über die Herkunft oder die Produktqualität, das Verhalten des Konsumenten nicht erklärt werden kann[15] (vgl. Esch, 2007, S. 20). Um den Einfluss entsprechender Marken auf das Konsumentenverhalten verstehen zu können, bedarf es somit einen **wirkungsbezogenen Ansatz** (vgl. Berekoven, 1978, S. 43).
Eine entsprechende Definition, die diesen Aspekt berücksichtigt, liefern Meffert et al.. Danach wird eine Marke als „als ein in der Psyche des Konsumenten und sonstigen Bezugsgruppen der Marke fest verankertes, unverwechselbares Vorstellungsbild von einem Produkt oder einer Dienstleistung" verstanden (Meffert et al., 2002, S. 6)
Diese verhaltenswissenschaftliche Perspektive greift ein nachfragebezogenes Markenverständnis auf, indem, seitens der Konsumenten, die mit der Marke verbundene Gefühle und Erfahrungen betrachtet werden. Starke Marken sind stark gefühlsmäßig bei den Konsumenten verankert und sind mit einem unverwechselbaren Image versehen, sowie mit klaren Vorstellungen, Bildern, Sachinhalte, Eigenschaften und Verwendungszusammenhängen (vgl. Esch, 2007, S. 22).
Es wird deutlich, dass die Marke nicht nur durch ihre funktionale Eigenschaft determiniert wird, sondern eben auch durch ihre **Wirkung auf den Konsumenten**. So bezeichnet Ogilvy die Marke schon sehr früh als „the consumer´s idea of product" (Ogilvy, 1951).

2.1.1.2 Bedeutung und Funktion der Marke

Nachdem eine definitorische Einordnung vorgenommen wurde und unterschiedliche Sichtweisen des Markenverständnisses aufgezeigt wurden, ist es Aufgabe dieses Abschnittes die Bedeutung und die Funktionen der Marke zu erläutern.

[15] Als Beispiel verwendet Esch u.a. die Marke „Red Bull". Niemand würde ein Produkt von Red Bull deshalb trinken, weil es aus Österreich stammt. Vielmehr wird die Marke von einer klaren und emotionalen Markenvorstellung geprägt, die eher zum Kauf bewegt (vgl. Esch, 2007, S. 20).

Fragestellungen zur Marke und zur Markenführung ist seit langer Zeit Schlüsselthema der marktorientierten Unternehmensführung und ist der Mittelpunkt des Interesses sowohl in der Praxis[16], als auch in der Wissenschaft[17] (vgl. Burmann et al., 2005, S. 4). Die Bedeutung der Marke geht weit über ihre **Identifikations-** und **Differenzierungsfunktion** sowie der Abhebung von austauschbaren Produkten hinaus, indem sie bei gezielter Führung direkt auf das Konsumentenverhalten Einfluss nimmt und einen emotionalen Mehrwert bietet. Dieser Mehrwert ist kapitalisierbar[18] und spiegelt sich in höheren Preisen und größeren Absatzmengen wieder (vgl. Esch, 2007, S. 10).
Wie deutlich eine Marke auf das Konsumentenverhalten wirken kann, zeigt der **Blindtest** von De Chernatony und McDonald. Bei dieser Studie wurden Probanden zunächst mit verbundenen Augen die Getränke Pepsi und Coca Cola serviert. Hierbei kam eine Präferenz der Konsumenten von 51% zu 44% zu Gunsten für Pepsi zum Vorschein. Bei einer Wiederholung des Tests mit Offenbarung der Marken, drehte sich dieses Bild jedoch vollkommen. So bevorzugten nun 65% das Getränk von Coca Cola und lediglich 23% das von Pepsi (vgl. De Chernatony/McDonald, 1992, S. 9). Aber auch in der Automobilindustrie wird die „Macht der Marke" besonders deutlich, wenn man Preise und Absatzzahlen verschieden markierter, aber ansonsten homogener Produkte vergleicht (vgl. hierzu und im Folgenden Esch, 2007, S. 12 f.): Die Automodelle VW Sharan, Ford Galaxy und Seat Alhambra werden in einer Fabrik gefertigt und sind bis auf kleine Nuancen (z.B. anderer Kühlergrill und anderes Markenemblem) identisch. Dennoch wurden, obwohl das Produkt von Volkswagen auch noch teurer ist, deutlich mehr VW Sharan verkauft als seine beiden Kontrahenten.

Die beiden o.g. Beispiele sollen verdeutlichen welche Auswirkungen eine Marke haben kann, wenn sie einen gewissen Mehrwert stiftet. Um jedoch das Konstrukt Marke und deren Bedeutung weiter auszudifferenzieren, werden im Folgenden die Funktionen einer Marke und dem daraus resultierenden Nutzen näher erläutert.
Im Allgemeinen lassen sich dabei die Funktionen der Marke in Konsumentensicht und Herstellersicht unterscheiden (vgl. Bruhn, 2001, S. 32-34). Die nachstehende Tabelle bietet einen Überblick über die wesentlichen Marken-Funktionen:

---

[16] Deutsche Unternehmen investierten im Jahr 2002 ca. 30 Mrd. Euro in Aufbau und Führung von Marken (vgl. Perry/Riesenbeck, 2003, S. 46-48).

[17] Alleine seit dem Jahr 2000 wurden zum Themenbereich Marke über 5000 neue wissenschaftliche Veröffentlichungen gezählt (vgl. Riesenbeck/Perrey, 2004, S. 24).

[18] Marken gelten als immaterielle Wertschöpfer für Unternehmen. Nach der Berechnungsmethode von Interbrand hat Coca-Cola als Spitzenreiter des Rankings der wertvollsten Marken, einen Markenwert von 66,67 Mrd. US-Doller. Im Automobilbereich ist die Wertvollste Marke Toyota mit einem Wert von 34 Mrd. US-Doller und dem Platz 6 der wertvollsten Marken. Gefolgt von Mercedes-Benz ($25,6 Mrd., Platz 11), BMW ($23,3 Mrd., Platz13), Honda ($19,1 Mrd., Platz 20), Ford ($7,9 Mrd., Platz 49) und Volkswagen ($7 Mrd., Platz 53) (vgl. Interbrand, 2008).

Funktionen aus Konsumentensicht:	**Funktionen aus Herstellersicht:**
• Orientierungs-, Informationsfunktion • Entlastungsfunktion • Vertrauens-, Risikominimierungsfunktion • Image-, Prestigefunktion, • Identitätsvermittlungsfunktion	• Differenzierungsfunktion • Markentreue und Kundenbindungsfunktion • Preispolitischer Spielraum • Wertsteigerung des Unternehmens • Kommunikationsfunktion • Segmentspezifische Bearbeitung • Plattform für neue Produkte

Tabelle 1: **Übersicht über die Markenfunktionen**
Quelle: Eigene Darstellung in Anlehnung an Burmann et al., 2005, S. 11-13; Homburg/Krohmer, 2006, S. 629; Huber, 2005, S. 14

Die Markenfunktionen aus Konsumentensicht:

Aus Konsumentensicht erfüllt die Marke eine wichtige **Orientierungs-** sowie **Informationsfunktion**. Für die Konsumenten reduziert die Marke die Komplexität des Überangebots und schafft so eine gewisse Transparenz. Zudem verringern sich aus transaktionstheoretischen Gesichtspunkten sowohl die Such-, als auch die Informationskosten und erleichtern somit die Kaufentscheidung (vgl. Burmann et al., 2005, S. 11; Hansen et al., 2001, S. 197; Kaas, 1990, S. 543). Ferner wird der Marke, durch diese vereinfachte Aufnahme sowie Verarbeitung von Informationen, aus Sicht des Konsumenten, eine **Entlastungsfunktion** bestätigt (vgl. Kroeber-Riel/Weinberg, 2003, S. 303 -305).

Des Weiteren besitzen Marken eine **Vertrauensfunktion**. Vor dem Kauf treten nach der Informationsökonomie, aufgrund der Informationsasymmetrie zwischen Anbietern und Nachfragern, Verhaltensunsicherheiten auf. Aufgrund kontinuierlicher Qualität, Kompetenz und Identität einer Marke, kann diese als Signal einer bestimmten Leistungsqualität wahrgenommen werden und ihr wird Vertrauen entgegengebracht. Dieses Vertrauen minimiert die Informationsdefizite und das wahrgenommene Risiko **(Risikominimierungsfunktion)** bei der Kaufentscheidung (vgl. Burmann et al., 2005, S. 11; Trommsdorff, 2004, S. 318).

Darüber hinaus können Marken dem Konsumenten einen ideellen und identitätsstiftenden Nutzen liefern. Die Image- und **Prestigefunktion** von Marken kann als Mittel zur Kommunikation der eigenen Persönlichkeit genutzt werden. Auch eine gewisse Selbstverwirklichung sowie die Zugehörigkeit zu einem bestimmten sozialen Umfeld oder Gruppe, kann die Motivation einer Markenwahl erklären, wenn Konsumenten vor dem Kauf gezielt das Image und die Wirkung auf ihre Mitmenschen hinterfragen. Der Konsument kann Attribute der Marke auf sich projizieren, somit sein Selbstbild definieren und Identität vermitteln **(Identitätsvermittlungsfunktion)** (vgl. Olins, 2003, S. 38; Burmann et al., 2005, S. 12).

Allgemein gelten diese Markenfunktionen aus Sicht der Konsumenten sowohl für Produktmarken, als auch für Unternehmensmarken[19] (vgl. Tomczak/Kernstock 2004, S. 170).

Die Markenfunktionen aus Herstellersicht:

Analog zu der Konsumentensicht erfüllen Marken auch aus Herstellersicht verschiedene Funktionen und verfolgen entsprechende Ziele[20].

In erster Linie eröffnet die **Differenzierungsfunktion** den Unternehmen die Möglichkeit sich gegenüber konkurrierenden Angeboten zu differenzieren. Ein professionelles Markenmanagement ist in der Lage sich vom Wettbewerb abzuheben, indem die Produkte und Leistungen entsprechend positioniert werden und deren Herkunft verdeutlicht wird (vgl. Huber, 2005. S. 12). Im Laufe der Zeit sollen immer mehr Konsumenten, aufgrund ihrer positiven Erfahrungen mit den Leistungen der Marke, zufrieden gestellt werden, um so eine gefühlsmäßige Verbundenheit zu erzeugen. Die wiederholte Präferenz für eine Marke signalisiert eine gewisse Markentreue und kann zu einer hohen Kundenbindung führen, die die Volatilität der Absatzentwicklung reduziert **(Markentreue und Kundenbindungsfunktion)** (vgl. Burmann et al., 2005, S. 13). Die Markentreue hat dabei insbesondere zwei positive Effekte. Zum einen eröffnet die Marke, wenn es ihr gelingt als Einzigartig wahrgenommen zu werden, einen **preispolitischen Spielraum**, da die Reaktion der Konsumenten weniger preissensibel ist. Zum anderen tragen Absatzzahlen, Preisaufschläge und bspw. die daraus folgende Möglichkeit Fremdkapital zu geringeren Kapitalkosten aufzunehmen, zu einer **Unternehmenswertsteigerung** bei (vgl. Homburg/Krohmer, 2006, S. 628 f.; Burmann et al., 2005, S. 13-15; Plüss, 2005, S. 656 f.).

Aufgrund einer besonders wichtigen Funktion sind Marken geeignet für den Konsumenten relevante Informationen und Eigenschaften zu kommunizieren bzw. gewünschte Assoziationen und Werte zu übermitteln. In diesem Zusammenhang kommt der Marke eine für Unternehmen nutzbare **Kommunikationsfunktion** zu teil (vgl. Kriegbaum, 2001, S. 45; Huber, 2005, S. 12 f.).

Ferner bieten starke Marken die Möglichkeit einer **segmentspezifischen Marktbearbeitung** und einer Plattform für neue Produkte. So können zum einen die verschiedenen Zielgruppen der einzelnen Marktsegmente spezifisch, optimal bedient werden und zum anderen ermöglichen etablierte Marken eine höhere Erfolgswahrscheinlichkeit bei der **Einführung neuer Produkte**, wenn diese von dem Image der vorhandenen Marken profitieren (vgl. Burmann et al., 2005, S. 15; Esch et al., 2006, S. 10).

---

[19] Der Unterschied zwischen der Produkt- und Unternehmensmarke sowie weitere Ausführungen zu Markenarchitektur werden im folgenden Abschnitt 2.1.1.3 behandelt.

[20] Für eine ausführliche Betrachtung zu Zielen und Zielhierarchien von Marken aus Unternehmenssicht vgl. Wiedmann/Schmidt, 1999, S. 13-22.

2.1.1.3 Grundlagen zur Markenarchitektur

Vor dem Hintergrund, dass im weiteren Verlauf dieser Arbeit wiederholt von unterschiedlichen Marken[21] und Markenstrategien gesprochen wird, ist es Ziel dieses Abschnittes eine kurze Einordnung grundsätzlicher Markenstrategien[22] sowie Gestaltungsmöglichkeiten der Markenarchitektur vorzunehmen.

Unter der Markenarchitektur versteht man die Organisationsstruktur aller Marken eines Unternehmens, durch die die Rolle der Marke innerhalb des Markenportfolios, sowie ihre Beziehungen zueinander festgelegt werden (vgl. Aaker/Joachimstaler, 2002, S. 134-153).
Dabei stehen drei grundsätzliche, klassische Markenstrategien zu Auswahl (vgl. Esch/Bräutigam, 2005, S. 842):

- Einzelmarkenstrategie (Produkt-, oder Monomarkenstrategie),
- Dachmarkenstrategie (Corporate/Umbrella Branding) und
- Familienmarkenstrategie (Produktgruppenstrategie, Product Line Branding)

Bei der **Einzelmarkenstrategie** wird jedes Produkt bzw. jede Leistung mit einer gesonderten Marke angeboten. Dabei tritt der Firmenname oder auch die Unternehmensmarke, zugunsten einer präzisen Profilierungsmöglichkeit einzelner Marken, in den Hintergrund. Beispiele sind z.B. „Ariel" und „Pringels" von „Procter & Gamble (vgl. Homburg/Krohmer, 2003, S. 526).
Bei der **Dachmarkenstrategie** hingegen ist dies konträr. Hier werden sämtliche Produkte eines Unternehmens einheitlich unter der übergeordneten Unternehmensmarke angeboten[23] (vgl. Sattler, 2001, S. 70 f.). Die Marken „Siemens" oder aus dem Automobilbereich die Marke „BMW" sind Beispiele dieser Strategie.

---

[21] So werden im Folgenden und insbesondere bei der Auswertung in Kapitel 4 z.B. von „Volkswagen" oder „Volkswagen Nutzfahrzeuge" als Unternehmensmarke und bspw. Caddy, Transporter oder Crafter als Produkt- bzw. Familienmarken gesprochen.

[22] An dieser Stelle ist anzumerken, dass in Wissenschaft und Praxis eine Vielzahl unterschiedliche Markenstrategien existieren und dass diese sowohl als Mischform, als diverse Kombinationsmöglichkeit und als sehr komplexe Architektur vorkommen können (vgl. Meffert/Perrey, 2005a, S. 213-227; Becker, 2004, S. 654-657; Tomczak/Kernstock 2004, S. 174). Da es sich lediglich um einen Überblick grundlegender Optionen handelt und auch eine kritische Würdigung für den weiteren Verlauf dieser Arbeit nur eine untergeordnete Rolle spielt, wird auf eine ausführliche Ausführung aus pragmatischen Gründen verzichtet. Zu Vertiefung von Vor- und Nachteilen der Marketingstrategien vgl. Kapferer,1992, S.157-187, sowie Kapferer, 2004 S. 294-314.

[23] Die höchste Form einer Unternehmensmarke ist die Konzernmarke. „Unter einer Konzernmarke versteht man üblicherweise eine Marke die durch zwei oder mehrere rechtlich selbstständige, wirtschaftlich aber von einander unabhängige Unternehmen zur Kennzeichnung ihrer Leistung(en) definiert wird" (Menninger/Robers, 2006, S. 252 f.).

Eine Mischform der Einzel- und Dachmarkenstrategie ist die **Familienmarkenstrategie**, bei der alle Produkte einer Produktgruppen oder -linie unter einer einheitlichen Marke stehen (z.B. „Nivea“ von „Beiersdorf“) (vgl. Esch/Bräutigam, 2005, S. 842).
Zur graphischen Verdeutlichung dient folgende Abbildung:

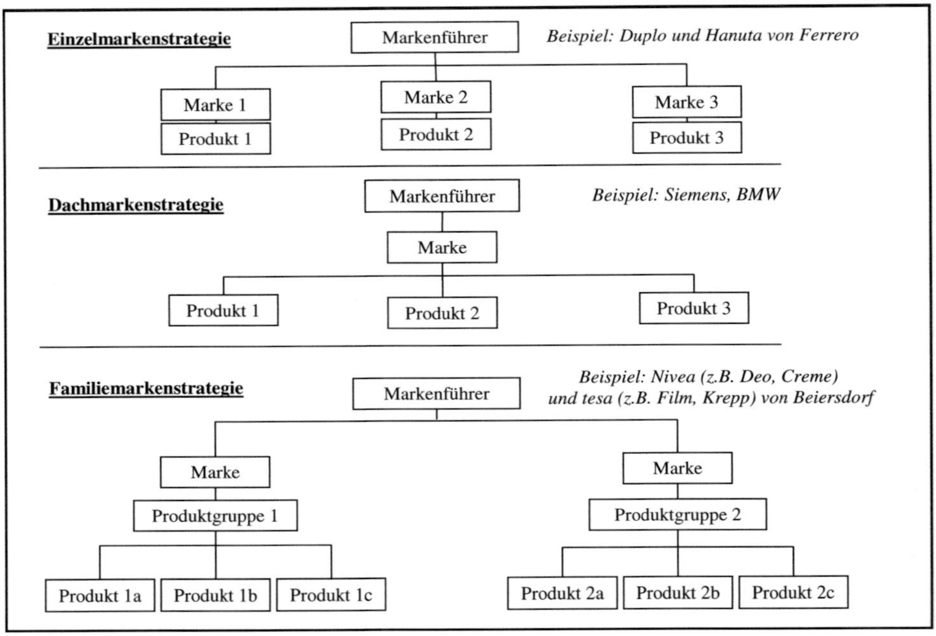

Abbildung 1: Grundoptionen der Markenarchitektur
Quelle: Eigene Darstellung in Anlehnung an Homburg/Schäfer, 2001, S. 161

Wie erwähnt existiert eine Vielzahl von Markenstrategien und Mischformen[24]. Erschwerend kommt bei der Bestimmung des Markentyps hinzu, dass es teilweise unklar ist, um welchen es sich handelt. So stellen z.B. Meffert und Perrrey den „Golf“ als Einzelmarke unter „Volkswagen“ als Dachmarke dar, wo hingegen Becker den Golf als Familienmarke und die Leistungsvarianten (z.B. „GTI“, „FSI“ oder „TDI“) als untergeordnete Einzelmarken illustriert (vgl. Meffet/Perrey, 2005b, S. 818; Becker, 2005, S. 394). Für den weiteren Verlauf dieser Arbeit sollen jedoch Marken wie z.B. der „Crafter“ von Volkswagen Nutzfahrzeuge als Einzelmarken verstanden werden.

[24] Die Frage welche Markenstrategie bzw. -architektur gewählt werden soll, hängt stark von den Zielen, Potentialen und Anspruchsgruppen der Unternehmung sowie der situativen Bedingungen ab (vgl. hierzu ausführlich Wiedmann, 2000, sowie Wiedmann, 2004, S. 1424-1437).

2.1.2 Identitätsbasiertes Markenverständnis als Basis des traditionsorientierten Markenmanagements

2.1.2.1 Das identitätsorientierte Markenverständnis als Ausgangspunkt

„Wenn ein Kapitän nicht weiß welchen Hafen er ansteuern soll, ist kein Wind der richtige." (Lucius Annaeus Seneca, römischer Philosoph)

Der mit Beginn der 1990er einsetzende Prozess der Globalisierung sowie die daraus resultierende, zunehmende Komplexität und Dynamik des Markenumfeldes, blieb nicht ohne Folgen für das Markenverständnis[25] (vgl. Feldenkirchen, 2008, S. 443 f.). Ergebnis dieser Veränderungen war eine ganzheitliche, integrierte Bergriffsauffassung, die über die einseitige Orientierung auf die Wahrnehmung der Nachfrager (Markenimage) hinaus ging und um die Berücksichtigung des **Selbstbildes der Marke** aus unternehmensinterner Sichtweise (Markenidentität) ergänzt wurde (vgl. Burmann/Meffert, 2005, S. 51).
Die nachstehende Abbildung verdeutlicht die Grundidee des identitätsorientierten Markenmanagements:

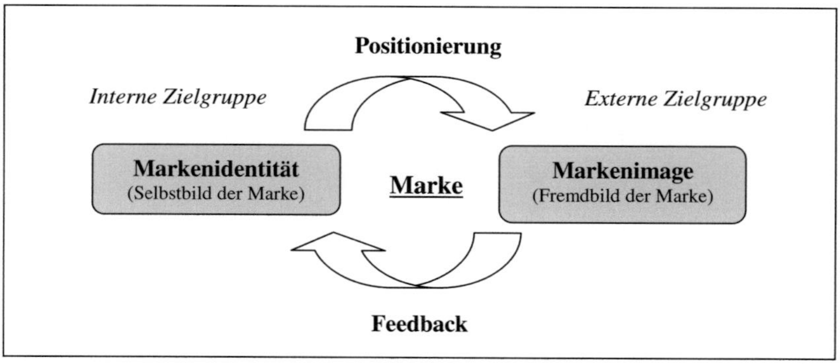

Abbildung 2: Grundidee des identitätsorientierten Markenmanagements
Quelle: Eigene Darstellung in Anlehnung an Burmann/Meffert, 2005, S. 52

Es liegen folglich zwei Sichtweisen der Marke vor. Zum einen die Markenidentität bzw. das Selbstbild aus Sicht der internen Zielgruppe (z.B. Führungsebene oder Mitarbeiter) und zum anderen das Markenimage, oder auch Fremdbild der Marke, aus Perspektive der externen Zielgruppen (z.B. Kunden oder Lieferanten).

---

[25] Im Rahmen ganzheitlich ausgerichteten identitätsorientierten Markenverständnisses wird die Marke als „ein Nutzenbündel mit spezifischen Merkmalen, die dafür sorgen, dass sich dieses Nutzenbündel gegenüber anderen Nutzenbündel, welche dieselben Basisbedürfnisse erfüllen, aus Sicht relevanter Zielgruppen nachhaltig differenzieren" verstanden (Burmann et al., 2003, S. 3 sowie Keller, 2003a, S. 3 f.).

Die **Markenidentität** als Ausgangspunkt konzeptioneller Überlegungen bringt dabei die Markenbedeutung zum Ausdruck. Sie beschreibt wofür diese Marke steht, definiert ihren Zweck und umfasst alle essenziellen und wesensprägenden Merkmale einer Marke (vgl. Esch, 2007, S. 81).
Durch die mehr oder minder große Zeitverzögerung in der Wahrnehmung der externen Zielgruppe dieser charakteristischen Markeneigenschaften, wird durch die Markenidentität das Fremdbild der externen Stakeholder beeinflusst und somit das **Markenimage** geprägt (vgl. Burrmann/Meffert, 2005, S. 52 f.).
Vorausgesetzt Selbst- und Fremdbild stimmen in den Köpfen der relevanten internen und externen Anspruchsgruppen überein, stellt sie die eigentliche Substanz für Authentizität und Differenzierungskraft dar und ist Basis für dauerhafte Kundebeziehungen sowie die Festigung von Markenvertrauen, -treue und -loyalität (vgl. Feldenkirchen, 2008, S. 445).

Mit Bezug auf das Eingangszitat kommt der identitätsorientierten Markenführung eine enorme Bedeutung[26] zu, da eine bloße Imageanalyse ohne die Berücksichtigung der Markenidentität, den Wurzeln der Marke, zu kurz greift (vgl. Esch, 2007, S 81). „Eine Marke kann nur über ihre Identität geführt werden" (Burmann/Zeplin, 2006, S. 215).

2.1.2.2 Die Markenidentität unter besonderer Betrachtung der Markentradition

Bevor im folgenden Abschnitt 2.1.3 der Begriff Markentradition näher erläutert wird, wird zunächst eine übersichtsartige Einordnung der Markenherkunft bzw. der Markentradition in die **identitätsorientierte Markenführung** vorgenommen. Da im empirisch, analytischen Teil die Auswirkungen der Tradition auf das Markenimage und die Wahrnehmung der Marke untersucht werden soll (vgl. konzeptioneller Bezugsrahmen in Abschnitt 3.3), ist es Ziel dieses Abschnittes die Markenidentität näher zu durchleuchten. Insbesondere gilt es den Stellenwert der Markentradition, für die Identität und das Image einer Marke, grundlegend und theoretisch herauszuarbeiten.

[26] Ein jüngeres Beispiel, bei dem die eigene Markenidentität nicht berücksichtigt wurde und so negativen Rückwirkungen auf das Image und eine Markenverwässerung die Folge war, bietet Smart. Smart, als „kleiner, pfiffiger Stadtflitzer für zwei Personen" konterkarierte die eigene Identität mit der nicht konformen Modelausreihenausweiterung durch den Smart ForFour. Die Folge war ein Milliardenverlust und das Einstellen der Produktion im März 2006. Positive Beispiel mit einer kontinuierlichen und klaren Orientierung an der Marke sind z.B. Beiersdorf, Red Bull, Appel oder Mercedes-Benz (vgl, Esch, 2007, S. 79 f.).

Wie schon ansatzweise erwähnt, verfügt eine Marke, aufgrund ihrer einzigartigen Identitäts- und Identifikationsmerkmale, über eine eigene Persönlichkeit[27] und Identität[28] (vgl. Esch, 2007, S. 80). So definiert Aaker die Markenidentität als „a unique set of brand associations (...) which represent what the brand stands for and imply a promise to customers from the organization members." (Aaker, 1996, S. 68).

Um die **Markenidentiät** noch weiter zu charakterisieren ist es zweckmäßig diese in einzelne Grundkomponenten bzw. „Bausteine" zu zerlegen, die das Gesamtkonstrukt beschreiben. Burmann und Meffert sprechen vor diesem Hintergrund und auf der Grundlage der sozialwissenschaftlichen und psychologischen Identitätsforschung von sechs konstitutiven Komponenten, die identifiziert werden können, um eine umfassende Beschreibung der Markenidentität zu ermöglichen (vgl. Burmann/Meffert, 2005, S. 57).

Die nachstehende Tabelle zeigt diese sechs Komponenten und liefert einen kurzen inhaltlichen Überblick bzw. beschreibt, was sich hinter diesen Konstrukten verbirgt.

Konstitutive Komponenten	Kurze Inhaltsbeschreibung[29]
Markenpersönlichkeit	Sie determiniert u.a. den Kommunikationsstil der Marke. Durch ihre spezifische Ausprägung wird die Identität für Nachfrager wahrnehmbar und erlebbar.
Markenwerte	Die Markenwerte spiegelt wider woran die Marke selbst und ihre Repräsentanten glauben.
Markenvision	Markenvision umfasst bei der Gestaltung der Markenidentität die langfristige Ausrichtung bzw. Leitung.
Art der Markenleistung	Inwiefern eine Marke für ihre Nachfrager nutzbar ist, wird von der Art der Markenleistung determiniert.
(Kern-)Kompetenzen der Marke	Beruhend auf den unternehmenseigenen Ressourcen und organisationalen Fähigkeiten trägt die Markenkompetenz zu einem spezifischen Wettbewerbsvorteil sowie dessen Absicherung bei.

[27] So verfügt nach Domizlaff jede Marke über ein eigenes Gesicht analog zur menschlichen Persönlichkeit mit bestimmten Charakteristika. Diese Entwickelt sich auch wie beim Menschen über die Jahre hinweg (vgl. Domizlaff, 1992, S. 97).

[28] Für eine ausführliche Beschreibung der Markenidentität aus sozial- oder wirtschaftswissenschaftlicher Forschung vgl. Burmann/Meffert, 2005, S. 43-51 oder zur gesellschaftlichen Markenidentität vgl. Wiedmann, 2006, 36-48.

[29] Es sei darauf hingewiesen, dass es sich hierbei nur um einen kurzen Überblick der zentralen Inhalte handelt. Für eine umfassende Beschreibung der sechs Komponenten der Markenidentität vgl. ausführlich Burmann/Meffert, 2005, S. 57-65.

Markenherkunft	Die Markenherkunft stellt die Basis bzw. die Wurzel der Markenidentiät dar.

Tabelle 2: **Die konstitutiven Komponenten der Markenidentität**
Quelle: Eigene Darstellung in Anlehnung an Burmann/Meffert, 2005, S. 57 sowie Burmann et al., 2003, S. 7

Nachdem die Markenidentität näher charakterisiert wurde, gilt es nun herauszuarbeiten wo die Markentradition[30] innerhalb der Identität verankert werden kann. Dabei kommen vorwiegend die Komponenten Markenherkunft und Markenpersönlichkeit in Frage, an denen der Einfluss der Markentradition exemplarisch verdeutlicht werden soll.

Die **Markenherkunft** bildet die Wurzeln der Markenidentität. Sie gibt bei traditionsreichen Marken an, wofür die Marke konkret steht bzw. in Zukunft stehen soll (vgl. Aaker/Joachimsthaler, 2000, S. 50). Für die Markenführung spielt sie eine besonders hohe Relevanz[31], da interne und externe Zielgruppen die Marke zunächst im Kontext ihres Ursprungs wahrnehmen sowie interpretieren[32]. Dies gilt insbesondere für Traditionsmarken (vgl. Feldenkirchen, 2008, S. 446; Burmann/Meffert, 2005, S. 58). Dabei ist die Markenherkunft stark mit der Markenhistorie verknüpft[33], die sämtliche Ereignisse, die in der Vergangenheit mit der Marke in Verbindung gebracht wurden, umfasst (vgl. Burmann/Meffert, 2005, S. 58). Ein erster Berührpunkt mit der Markentradition, als langfristig gestaltbare Komponente der Identität und erweitere Form der Markenherkunft, ist somit gegeben[34]. Die Markentradition entwickelt somit über einen längeren Zeitraum die Markenidentität und determiniert sie über ihre Herkunft und Historie.

---

[30] An dieser Stelle soll lediglich die Markentradition innerhalb der Markenidentität verankert und nicht beschrieben werden. Eine ausführliche Charakterisierung sowie Definition des Konstruktes erfolgt im anschließenden Abschnitt 2.1.3.

[31] Die Relevanz der Markenherkunft lässt sich gut am Beispiel der Marke "Volkswagen" festmachen. Das erste produzierte Produkt der Marke VW, der VW Käfer bzw. sein militärisches Pendant der Kübelkäfer, ist wesentlicher Bestandteil der Herkunft von VW. Beide Produkte zeichneten sich insbesondere durch Zuverlässigkeit und Einsatzfähigkeit bei nahezu allen Boden- und Witterungsverhältnissen aus, so wurde auch, nach dem zweiten Weltkrieg, der Käfer zum Schneeräumdienst verwendet. Diese Eigenschaften sind somit ein wichtiges Element der VW Markenidentität. Eine erfolgreiche Weiterentwicklung auf Basis dieser Identität stellt der Touareg dar. Sein Erfolg ist auch auf den gelungenen Fit zur Markenherkunft und damit zu Identität von VW zurückzuführen. Als negatives Beispiel hingegen ist der Misserfolg des Phaeton heranzuführen. Anders als beim Käfer, dem Golf und seiner Nachfolger, die als Volkswagen bzw. Auto für jedermann ihren Ursprung haben, ist der Phaeton eine hochpreisige Luxuslimosine, die Prestige und Status verkörpern soll. Der Bezug zur Herkunft ist nicht mehr gegeben, was die fehlende Akzeptanz bei den Nachfragern erklärt (vgl. Burmann/Zeplin, 2006, S. 217 f.). Eine differenzierte Wahrnehmung der Markenherkunft kann sich langfristig auf die Markenstärke auswirken (vgl. Burmann/Meffert, 2005, S. 59).

[32] So sprechen Aaker und Joachimsthaler von: „Knowing the roots of a person, place or firm can help create interest and a bond. The same is true for a brand" (vgl. Aaker/Joachimsthaler, 2000, S. 249.

[33] Herbrand und Röhring sprechend davon, dass die Tradition durch die Überlieferung von z.B. Wissen, Fähigkeiten, Sitten und Gebräuche, ein Teilt der Historie ist. Dennoch kann es auch eine Historie geben, die nicht überliefert wird und somit nicht zu Tradition wurde (vgl. Herbrand/Röhring, 2006, S. 564).

[34] Und auch in der Automobilindustrie lasst sich der enorme Stellenwert der Historie und ihre Bedeutung für die Markentradition belegen (vgl. BMW Group Classic, 2008, S. 60-77).

Zudem sind in der Literatur zahlreiche weitere Autoren[35] der Überzeugung, dass bei traditionsreichen Marken, die Markentradition die Basis der Identität ist und somit die Markenherkunft als konstitutive Komponente der Markenidentität, durch die Markentradition bei entsprechenden Marken ausgetauscht und somit erweitert werden kann (vgl. Wiedmann et al., 2008, S. 36).

Einen anderen Ansatz die Markentradition innerhalb der Markenidentität zu verankern, bietet die Möglichkeit sie als Element der **Markenpersönlichkeit** zu definieren. So stellen bspw. Urde et al. die Markentradition als Dimension der Markenidentität dar, indem sie als ein integriertes Element des Charakters bzw. der Persönlichkeit einer Marke zu definieren ist (vgl. Urde et al., 2007, S. 4 f.). Die Tradition einer Marke geht über die Quelle der Markenidentität hinaus. Neben der Entwicklung des Unternehmens und seiner Produkte werden auch die Menschen, die mit einer Marke in Verbindung stehen (z.B. Gründerväter oder Pioniere), in einen Zusammenhang gebracht. Auch die Darstellung der Marke in der Öffentlichkeit verleit dieser ihr „Gesicht“ und ist somit maßgeblich für die Markenpersönlichkeit (vgl. Tauch, 2008, S. 16).

Zusammenfassend lässt sich festhalten, dass es durchhaus möglich ist, die Markentradition in das theoretische Model der Markenidentität von Burmann et al. zu integrieren. Sie ist somit Teil der Markenidentität und kann diese entwickeln bzw. determinieren. U.a. gelingt dies über die Komponenten Markenherkunft oder eben Markentradition als eigenständiger Baustein sowie Markenpersönlichkeit[36].

Die Grundidee des **identitätsorientierten Markenmanagement** beschreibt die wechselseitige Beziehung zwischen Markenidentität und Markenimage (vgl. Burmann/Meffert, 2005, S. 52). Da wie beschrieben unter anderem die Markentradition die Identität maßgeblich prägen kann, kann somit auch der Rückschluss gezogen werden, dass die Markentradition das Markenimage und damit die Wahrnehmung und das Kaufverhalten der Konsumenten beeinflusst (vgl. Meffert, 2006, S. 144). Insbesondere hat die Markentradition Auswirkungen auf die Glaubwürdigkeit der Marke und steigert so das seitens der Nachfrager entgegengebrachte Vertrauen. Auch kann davon gesprochen werden, dass die Markentradition über die Markenpersönlichkeit auf die Positionierung der Marke in den Köpfen der Nachfrager wirkt (vgl. Burrmann/Meffer, 2005, S. 66). Der daraus resultierende Erfolg der Markentradition ergibt sich, wenn die Marke mit bestimmten Werten in Verbindung gebracht wird, die sie über längere Zeit nachweisen. Kurz: Erfolg stellt sich ein, wenn es gelingt, eine

[35] Für eine Übersicht über diese Autoren vgl. Wiedmann et al., 2008, S. 36.

[36] Vorausgesetzt ist, dass eine Tradition sowohl vorhanden ist als auch kommuniziert wird. So vermag nicht jede Markenidentität eine Traditionskomponente aufzuweisen (vgl. Urde et al., 2007, S. 9).

Annäherung bzw. **Übereinstimmung** der Markenidentität und des Markenimage zu erzeugen (vgl. Tauch, 2008, S. 11).

Der Einfluss der Markentradition auf das Markenimage ist nun aus theoretischer Sicht grundlegend beschreiben worden. Die Tradition einer Marke wirkt auf das vom Konsumenten wahrgenommene Ansehen[37] bzw. Image einer Marke und bietet für Unternehmen diverse, z. T. immense ökonomische Potentiale (vgl. Herbrand/Röhring, 2006, S. 589).
Diese Beschreibung dient somit auch als Basisüberlegung für die folgenden empirischen Untersuchungen der Auswirkung von Markentradition auf das Image einer Marke.

2.1.3 Das Konstrukt Markentradition

2.1.3.1 Begriffliche Annäherung an die Markentradition

Aufgrund der Wichtigkeit bietet es sich an eine sprachliche Abgrenzung des Begriffs „Tradition" vorzunehmen. Der Begriff stammt aus dem lateinischen (traditio) und bedeutet ursprünglich **„Übergabe"** oder **„Überlieferung"**. Des Weiteren wird Tradition als Brauch, Gewohnheit oder auch Gepflogenheit verstanden (vgl. Baer/Wermke, 2000, S. 1349). Im allgemeinen Sprachgebrauch finden sich noch weitere Verwendungen des Traditionsbegriffs. So werden Mythen, Legenden, Kontinuität oder auch Beständigkeit in Verbindung mit der Frage, was jemand mit Tradition verbindet, genannt. Erweitert man nun den Geltungsbereich um eine wirtschaftliche Komponente, so spricht man von reichhaltiger Tradition einer Unternehmung, wenn diese einerseits eine eindeutige **Herkunft** aufweist, also z.B. bereits über einen langen Zeitraum erfolgreich Produkte am Markt etabliert hat und den gesellschaftlichen Ansprüchen gerecht geworden ist und andererseits durch übliche Denk-, Handel-, oder Verhaltensweisen, Glaubwürdigkeit und Vertrauen auch für die Zukunft schafft (vgl. Dahms/Ormeno, 2006, S. 312). Anders als die Markenherkunft[38] oder Historie[39] einer Marke, die entweder nicht gestaltbar oder aber lediglich vergangenheitsorientiert ist, ist die Tradition einer Marke bzw. eines Unternehmens sowohl gestaltbar, als auch zukunftsorientiert, indem sie ausgehend von ihrem Ursprung, ihre Historie umfasst und erst durch eine langfristige und kontinu-

[37] In der Automobilindustrie konnte auch empirisch die Wirkung der Tradition auf die Wahrnehmung des Konsumenten nachgewiesen werden. Zudem wahr das Ergebnis, dass die Tradition für das Image von Automobilmarken erhebliche Bedeutung hat (vgl. Diez, 2006, S. 188-191).

[38] Die Markenherkunft umfasst „(…) die Gesamtheit aller geographischen, kulturellen und institutionellen Einflüsse (...), die festlegen von wo, wem oder was eine Marke entstammt" (Blinda, 2003, S. 39)

[39] Die Markenhistorie ist als Synonym der Geschichte zu sehen und ist definiert „als die Gesamtheit des seit Gründung des Unternehmens in und mit dem Unternehmen Geschehen" (Herbrand/Röhring, 2006, S. 563).

ierliche Entwicklung auch die Zukunft erschließt. Somit wird die Tradition „lebendig“ (vgl. Herbrand/Röhring, 2006, S. 563 f.).

Trotz dieser ersten Annäherung an den Begriff Markentradition und die aufgezeigten Unterschiede zur Markenherkunft und Markenhistorie, wird eine klare Abgrenzung in der Literatur oft vernachlässigt (vgl. Wiedmann et al., 2008, S. 34). Daher sollen im Folgenden kurz die Überlegungen von Urde et al. (2007) zum Konstrukt der Markentradition beschrieben werden, um den Begriff weiter auszudifferenzieren.

Urde et al. definieren dabei Markentradition (Brand Heritage[40]) als „ (…) a dimension of a brand's identity found in its track record, longevity, core values, use of symbols and particularly in an organisational belief that its history is important“ (Urde et al., 2007, S. 4 f.).

Anhand der nachfolgenden Grafik lassen sich die einzelnen Dimensionen der Markentradition schematisch darstellen:

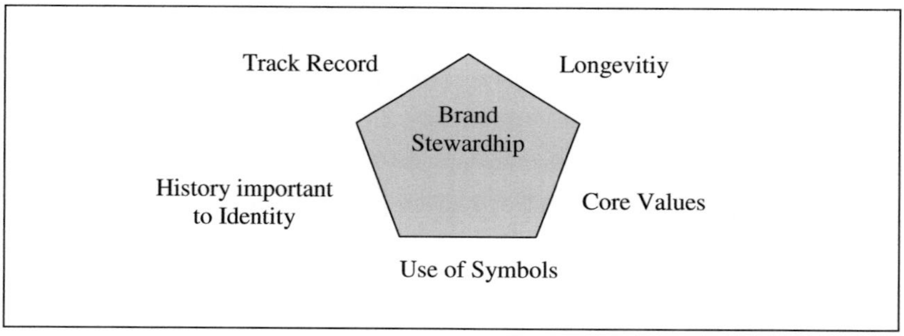

Abbildung 3: Determinanten der Markentradition
Quelle: Eigene Darstellung in Anlehnung an Urde et al, 2007, S. 9

Track Record, oder auch **Erfolgsgeschichte**[41], gibt die Performance eines Unternehmens und den daraus resultierenden Nutzen für seine Stakeholder über längere Zeit wieder (vgl. Urde et al., 2007, S. 9). Ebenso beschreibt sie inwieweit ein Unternehmen dem gerecht wird, was es sich selbst und den relevanten Anspruchsgruppen verspricht und ob die propagierten Werte tatsächlich gelebt werden (vgl. Urde, 2003, S. 1028-1030). Da aus den in der Vergangenheit liegenden Verhaltensweisen

[40] Der aus dem englisch stammende Begriff Heritage ist der Bedeutung der Tradition sehr nahe. So beschreibt Heritage etwas, was man von seinem Vorgänger übertragen bekommt bzw. erwirbt. Dies beinhaltet geerbte, etablierte, übliche Denk-, Handelns oder Verhaltensweisen und impliziert kulturelle Kontinuität in Haltung, Gewohnheit und Handlung (vgl. Dahms/Omeno, 2006, S. 312).

[41] Je nach Reaktionsweise auf bestimmte Umweltsituationen stellt sich Erfolg bzw. Misserfolg ein. Dabei umfasst die Erfolgsgeschichte die Summe aller positiven Ergebnisse der Vergangenheit bis in die Gegenwart (vgl. Bleicher, 2004, S. 240; Thiemer/Stejskal, 2006, S. 533). Dabei ist insbesondere die kontinuierliche Einhaltung der Markenwerte sowie der Markenleistung für die Erfolgsgeschichte relevant (vgl. Urde, 2003, S. 1028).

eines Unternehmens bestimmte Erwartungshaltungen für die Zukunft gebildet werden, ist die Erfolgsgeschichte ein wichtiges Element der Tradition (vgl. Urde et al., 2007, S. 9).

Eine weitere Dimension der Markentradition ist die **Langlebigkeit**[42] (longevity). Von ihr kann gesprochen werden, wenn es einer Marke gelingt über lange Zeit ihre Werte und Identität konsequent am Markt aufrecht zu erhalten. Ein gutes Beispiel sind in diesem Zusammenhang Familienbetriebe die ihr Geschäft von Generation zu Generation betreiben. Jedoch ist hierbei kritisch anzumerken, dass eine Marke die viele Jahre besteht nicht zwangsläufig eine Traditionsmarke ist (vgl. Urde et al., 2007, S. 10).

Die **Grundwerte** bzw. core values[43] ermöglichen einem Unternehmen nicht nur für diverse externe Anspruchsgruppen, sondern auch für ihre Mitarbeiter eine Orientierung zu geben. So können Grundwerte, wenn sie vorgelebt und akzeptiert werden, eine starke Wirkung auf die Markenidentität und, im Zeitablauf, ebenso auf Markentradition haben (vgl. Urde et al., 2007, S. 10). Die Grundwerte sind somit Leitlinien des Verhaltens eines Unternehmens und geben gegenüber seinen internen und externen Anspruchsgruppen ein Versprechen (vgl. Urde, 2003, S. 1034 f.). Diese werden oftmals im Leitbild des Unternehmens festgehalten. So spricht bspw. die Volkswagen AG von „Werthaltigkeit", „gesellschaftliche Verantwortung" oder „praktizierte Nachhaltigkeit" (vgl. Volkswagen AG, 2009).

Ebenfalls eine Determinante der Markentradition ist die **Symbolik**[44] (Use of Symbols) einer Marke. So führt eine konsequente Nutzung desselben Symbols zu einem hohen Wiedererkennungswert und steht gleichzeitig repräsentativ für die Marke und der ihr innewohnenden Werte und Eigenschaften. Bspw. verkörpert und kommuniziert der Mercedes-Stern, als Symbol von Mercedes-Benz, die eigene Identität der Marke (vgl. Urde et al., 2007, S. 10 f.).

Die letzte Dimension History important to Identity (übersetzt als **Identitätsrelevanz** der Geschichte eines Unternehmens[45]) als Komponente der Markentradition gibt an, in wieweit Unternehmen sich ihrer eigenen Geschichte bewusst sind und diese auch in ihren Marketingaktivitäten nutzen. Dabei müssen nach Urde et al. Unternehmen ihre eigene Geschichte wahrnehmen und sie als relevant für ihre Identität ansehen, da bei Traditionsmarken die eigene Geschichte Einfluss auf Potentiale in der Zukunft hat (vgl. Urde et al., 2007, S. 11).

---

[42] Langlebigkeit kann auch als ein Merkmal der Markenidentität verstanden werden (vgl. Olins, 1990, S. 85). Die „Zeitlosigkeit" einer Marke muss sich über die Jahre hinweg entwickeln (vgl. Wetlaufer, 2001, S. 122).

[43] Core values sind definiert als „(...) all-embracing terms that sum up the identity of the brand as well as being the guiding principles for all internal and external brand building processes" (Urde, 2003, S. 1035).

[44] Im Allgemeinen wird ein Symbol als „(...) eine spezifische Art von Zeichen, das seien Bedeutung assoziativ zur Anschauung bringt" (Brockhaus-Enzyklopädie, 1993, Bd. 19, S. 518) verstanden.

[45] Nach Urde et al. kann erst von Markentradition gesprochen werden wenn ein Unternehmen „(...) considers its history important to its identiy" (Urde et al., 2007, S. 11).

Die beschriebenen fünf Determinanten umschließen in der oben aufgezeigten Abbildung den Brand Stewardship. Dieser ist als traditionskonforme Denkhaltung bzw. Markenverantwortungsfunktion zu verstehen, um die eigene Markentradition erfolgreich im Unternehmen zu etablieren und zu schützen (vgl. Urde et al., 2007, S. 9, 14-16).

Aus den Überlegungen von Urde et al. ist abzuleiten, dass Traditionsmarken aus vielschichtigen Determinanten bestehen und als spezielle Markenführungskategorien anzusehen sind, die ihrerseits einen spezifischen und zielführenden Managementansatz erfordern (vgl. Urde et al., 2007, S. 5). Um erkennen zu können, ob eine Marke eine Tradition aufweist, ist es somit notwendig ihre konstitutiven Dimensionen zu analysieren und festzustellen wie stark diese ausgeprägt sind (vgl. Urde et al., 2007, S.9). Wobei das alleinige Vorhandensein einer Tradition nicht ausreicht, um entsprechende Potentiale zu nutzen. Im Rahmen eines **traditionellen Denkansatzes** sowie bei der Nutzen- und Wertgenerierung, gilt es für das Management von Markentraditionen, die eigene Tradition zu entdecken und diese zu aktivieren, zu pflegen und zu schützen[46] (vgl. Urde et al., 2007, S. 11 f.).

2.1.3.2 Potentiale der Markentradition

Dass die Potentiale der Markentradition zunehmend durch Wissenschaft und Praxis diskutiert werden, ist nur ein Indiz für die Bedeutung dieser. Insbesondere in der Autoindustrie weisen immer wieder Printmedien, Werbespots[47] und Internetauftritte[48] auf die Markentradition hin. Ein weiteres Zeichen dieses Megatrends sind die zahlreichen, teils außerordentlich aufwendig gestalteten, Markenmuseen der Automobilhersteller[49], wie z.B. die Mercedes-Benz Welt in Stuttgart, das Museum der Bayerischen Motorenwerke AG in München oder Volkswagen-Museum in direkter Nachbarschaft zur Autostadt in Wolfsburg (vgl. Beckmann, 2008, S. 449). Doch worin liegt nun der Mehrwert dieser Anstrengungen bzw. welcher Nutzen wird aus dem Traditionsmanagement generiert?
In Zeiten von wechselnden Umweltbedingungen, produktseitigen Fehlentscheidungen oder einem generellen temporären Missmanagement stellt die Tradition einer Marke einen gewissen „Schutzmantel" dar. In den Köpfen der Kunden sind über die Zeit gewachsene Vorstellungsbilder einer

---

[46] Für eine kritische Würdigung und empirische Überprüfung der fünf Determinanten aus dem Model von Urde et al. vgl. ausführlich Wiedmann et al., 2008.

[47] Ein Beispiel eines Werbespots der die Historie und Tradition der Marke in den Vordergrund setzt bietet der Spot „Audi-Markengeschichte Höhepunkte aus 100 Jahren" (vgl. Audi AG, 2009).

[48] Ein ausgewähltes Beispiel für einen traditionsbasierten Internetauftritts bietet die Marke Volkswagennutzfahrzeuge mit ihrem Überblick über die Geschichte und Endwicklung der Nutzfahrzeuge von Volkswagen (vgl. Volkswagen Nutzfahrzeuge, 2009).

[49] Für eine ausführliche Betrachtung der Automobilmuseen als Erfolgsfaktor in der Automobilindustrie vgl Völker, 2006, Schilder, 2007 sowie Diez/Tauch, 2008.

Marke entstanden, die zum einen zu einer zweiten Unternehmenspersönlichkeit und so zum Erfolg einer Marke führen kann und zum anderen partizipieren die Kunden an den Traditionswerten und erwerben zu einem Produkt ebenso Glaubwürdigkeit, Vertrauen und Identifikation (vgl. Thiemer/Stejskal, 2006, S. 533 f.)
Zusammenfassend lassen sich fünf **Potentiale** des Faktors Markentradition ausmachen (vgl. Beckmann, 2008, S. 450-454; Thiemer/Stejskal, 2006, S. 533):

a) *Tradition als Stifter von Identifikationspotentiale*
b) *Differenzierungs- bzw. Orientierungspotentiale*
c) *Markentradition als Quelle von Glaubwürdigkeit, Authentizität und Vertrauen*
d) *Die Tradition als Markenwerttreiber*
e) *Traditionsmanagement als Kontinuitätsmanagement*

Die Bedeutung der Markenidentität und ihr Zusammenhang mit dem Markenimage wurden bereits durch das Konzept der identitätsorientierten Markenführung besprochen. Die Tradition als Stifter von **Identifikationspotentialen** geht dabei jedoch über diese theoretischen Überlegungen hinaus. Um die Frage zu beantworten „Woher kommen wir?" hat bspw. Mercedes-Benz ein „Positionierungspapier" entworfen, dass ein gemeinsames Verständnis für die Herkunft der Marke und den (Grund-)Auftrag des Traditionsmanagements[50] definiert und so die Basis der Identität stellt (vgl. Rother, 2006, S. 385 f.). Die Folge des identitätsbasierten Traditionsverständnisses von Mercedes-Benz und deren Kommunikation ist ein bedeutender Einflussfaktor auf das Markenimage, wie empirische Untersuchungen zeigen (vgl. Diez, 2006, S. 192). Dennoch ist die Zielgruppe dieses Identifikationspotentials nicht nur extern anzusehen, sondern vor allem auch intern. Die Mitarbeiter, die das Bewusstsein haben in einem traditionsreichen Unternehmen zu arbeiten und „ihr" Unternehmen in einer langen Tradition sehen, verhalten sich demgegenüber loyaler, motivierter und sind regelrecht stolz auf das Unternehmen und deren Produkte. Durch eine stärkere Identifikation bzw. Commitment zum Unternehmen, tragen sie direkt zu einem höheren Erfolg bei (vgl. Rother, 2006, S. 386 f.). Im Zusammenhang der internen Vermittlung von Markentradition ist auch eine mögliche Multiplikatorwirkung auf Freunde, Bekannte oder Familienangehörige der Mitarbeiter nicht zu unterschätzen, wenn Mitarbeiter positive Mundpropaganda betreiben (vgl. Beckmann, 2008, S. 450 f.)
Ein modernes Traditionsmanagement nutzt zudem das **Differenzierungs-** bzw. **Orientierungspotential**. Die Markentradition stellt ein wichtiges Alleinstellungsmerkmal dar, dass in der Lage sein kann dem ähnlichen Güterangebot (brand parity) entgegenzutreten und sich so vom Wettbewerb

[50] In diesem Zusammenhang kommuniziert Mercedes-Benz ihr Grundverständnis der Tradition mit einem Zitat des deutschen Philosophen Odo Marquard: „Zukunft braucht Herkunft" (vgl. Mercedes-Benz Classic, 2009).

abzuheben bzw. zu differenzieren[51] (vgl. Diez, 2006, S.184 f.). Gleichzeitig eröffnet das Orientierungspotential die Möglichkeit, dass der Konsument durch traditionsreiche Marken, die kommunizieren woher sie kommen und wofür sie stehen[52], dem „Trommelfeuer an Informationen" (information overload) entkommt. So kann er gezielt nach vertrauten und etablierten Produkten suchen, die seine Such- und Informationskosten senken (vgl. Beckmann, 2008, S. 451 f.)

Des Weiteren ist die Markentradition die Quelle von **Glaubwürdigkeit**, **Vertrauen** und **Authentizität**. Dabei wirkt sich die Tradition unmittelbar auf die Vertrauensbasis aus und stellt eine, aus Sicht des Konsumenten, Risikoreduktion[53] dar, indem eine Traditionsmarke dem Kunden vermittelt, dass sie solide ist und bereits über Jahre hinweg Konstanz und Durchsetzungsfähigkeit im Markt bewiesen hat[54] (vgl. Brandejsky et al., 2006, S. 417). Die Tradition einer Marke kann ihre Werte beweisbar belegen und Glaubwürdigkeit bzw. Vertrauen aufbauen. Insbesondere dann, wenn die Markenwerte bereits lange gelebt wurden (vgl. Thiemer/Stejskal, 2006, S. 533 f.). Wird eine Traditionsmarke als authentisch und vertrauensvoll wahrgenommen, ist der Konsument üblicherweise sogar bereit dafür einen höheren Preis zu zahlen (Preispremiumakzeptanz) (vgl. Beckmann, 2008, S.453).

Ein weiteres Potential von Traditionsmarken ist, dass die **Tradition als Werttreiber** der Markenwertentwicklung gesehen wird. Der Markenwert[55] spielt insbesondere in der Praxis eine wichtige Rolle. Er gibt Auskunft darüber, ob das Markenmanagement erfolgreich war und überprüft ob der Wert einer Marke im Zeitablauf gestiegen ist. Zudem ist der Markenwert als immaterieller Vermögenswert die Schnittstelle vom Finanzbericht zum Kapitalmarkt (vgl. Menninger/Robers, 2006, S. 241).

Die Tradition ist in diesem Zusammenhang, belegt durch zahlreiche Studien, ein zentraler Markenwerttreiber (vgl. Beckmann, 2008, S. 453). Zwar würde eine Aktivierung von Marken als immate-

---

[51] Für die Automobilindustrie ist dieses Potential der Grund für die wachsende Zahl von Retro-Produkten mit Konstruktionsprinzipien ihrer historischen Vorläufer. Beispiele sind z.B. der PT Cruiser von Chrysler, der Mini von BMW, der New Beetle mit dem Bezug zum Käfer von Volkswagen und von Alfa Romeo mit der Typbezeichnung GTA, die die Brücke zum erfolgreichen Sportwagen der 60er Jahre schlagen soll (vgl. Diez, 2006, S. 184 f.).

[52] So stehen bspw. Bugatti und Bentley traditionell für Qualität. Das Markenprofil von Opel hingegen galt in den 1990er Jahren als unklar, verstaubt und mit einem schlechten Qualitätsimage behaftet. Erst zu Anfang zum Jahr 2002 startete Opel die Image-Kampagne „Frisches Denken für bessere Autos" und knüpften mit Markenwerte wie Dynamik, Vielseitigkeit oder Kreativität an Tugenden an, die schon in den 1950er Jahren erfolgreich waren (vgl. Diez, 2006, S. 183 f.).

[53] Insbesondere bei hochwertigen Konsumgütern wie z.B. ein Automobil stellt den Konsumenten vor eine „echte Entscheidung" bei der er sorgfältig Vor- und Nachteile abwägt. Dabei ist er von einer generellen Risikoaversion geprägt, die durch die Vertrauenswürdigkeit einer Traditionsmarke verringert wird (vgl. Beckmann, 2008, S. 452).

[54] So konnte bspw. die Automarke Mazda mit der traditionsorientierten Kommunikationsoffensive „75 Jahre Mazda Automobile" für Expertise und Glaubwürdigkeit beim Kunden hervorrufen und Kaufanreize setzen (vgl. Brandejsky et al., 2006, S. 418 f.).

[55] Für eine ausführliche Definition bzw. Beschreibung des Markenwertes sowie einen umfassenden Überblick über verschiedene Markenbewertungsverfahren vgl. Schimanski, 2004.

rieller Vermögenswert, der Bedeutung von Marken gerecht werden, jedoch ist eine Bilanzierung nach HGB nicht möglich (vgl. Gerpott/Thomas, 2004, S. 2485-2494). Dennoch ist nicht zu unterschätzen, dass Unternehmen mit starken Marken über einen höheren Börsenwert[56] verfügen (Marktkapitalisierung), die sich in besserer Bonität, Finanzvorteilen und der Möglichkeit günstiger Fremdkapital zu akquirieren, widerspiegeln (vgl. Beckmann, 2008, S. 453 f.).

Das letzte Potential beschreibt das Traditionsmanagement als **Kontinuitätsmanagement**. Wenn eine Marke über ein traditionsbasiertes und positives Image verfügt, das über Jahre hinweg aufgebaut wurde, gilt es dies zu pflegen, um auch in der Zukunft davon zu profitieren. Kurz: Tradition kann auch verpflichten (vgl. Beckmann, 2008, S. 454). Um im Wettbewerb bestehen zu können, sind Traditionsmarken zu einem geschichtskonformen Verhalten verpflichtet. Das heißt, dass der Handlungsspielraum begrenzt wird, indem der Kunde den aktuellen Auftritt mit den Erfahrungen aus der Vergangenheit in Beziehung setzt: Die verlässliche Substanz der Markentradition steht dabei über kurzfristigen Werbeideen (vgl. Schmidt, 2006, S. 70). Dabei ist jedoch im Rahmen eines Kontinuitätsmanagements klar hervorzuheben, dass das Festhalten an der Historie nicht Überhand gewinnen darf und einer Weiterentwicklung der Marke nicht entgegenstehen sollte. „Stillstand ist Rückschritt" und daher sollte das Markenmanagement die zukunftsgerichtete Nutzung der Tradition vor dem Grundsatz „Innovation aus Tradition" folge leisten (vgl. Diez, 2006, S. 194).

2.2 Grundlagen des Konsumentenverhaltens

Das Ziel dieses Abschnittes ist ein grundlegender Überblick über das **Kunden-** bzw. **Konsumentenverhalten**[57] zu geben. Da insbesondere im theoretischen, sowie konzeptionellen Bezugsrahmen des nächsten Kapitels, die für die Empirie relevanten Markenwahrnehmungs- und Verhaltensaspekte ausführlich besprochen werden, gilt es an dieser Stelle eine Einordnung zu geben bzw. definitorische Grundlagen zu legen.

Um das Geschehen am Markt und bestimmte Tendenzen, wie z.B. die Entwicklung vom Verkäufermarkt hin zum Käufermarkt, erklären zu können sowie zukünftige Geschehen und Möglichkeiten vorherzusagen, ist eine umfassende Analyse des Konsumentenverhaltens[58] notwendig (vgl. Balder-

[56] Anfang Juni 2009 betrug die Marktkapitalisierung von bspw. der Volkswagen AG ca. 75.496,56 Mio. EUR, abgerufen und errechnet nach www.onvista.de, 05.06.2009.

[57] Für eine umfassende Beschreibung der Thematik „Konsumentenverhalten" und „Konsumentenverhaltensforschung" vgl. ausführlich Trommsdorff 2004, Pepels 2005, Kroeber-Riel/Weinberg 2002 sowie Müller-Hagedorn 1986.

[58] Aus Sicht des Marketings steht dabei nicht die Tätigkeit des Konsumierens im Vordergrund, sondern vielmehr die Eigenschaft einer Person, ein potenzieller Kunde zu sein. Auch wenn der Begriff „Konsument" ein Problem der Unterscheidung zwischen Entscheider, Zahler und Verbraucher verbirgt, hat sich der Begriff „Konsument" bzw. Konsumentenverhalten (engl. consumer behaviour) dem treffsichereren

jahn/Scholderer, 2007, S. 1). Insbesondere die Frage zu beantworten, wie Konsumenten auf bestimmte Marketing- oder Umfeldanreize reagieren bzw. den Zusammenhang zwischen Einsatz von Marketinginstrumenten und Reaktion des Konsumenten herauszufinden, ist Mittelpunkt des Interesses des Marketingmanagements. Zudem ist es zugleich Vorraussetzung, um aus diesen Erkenntnissen einen ökonomischen Nutzen zu ziehen (vgl. Kotler et al., 2007, S. 276). Die Antizipation des Verhaltens sowie dessen Erklärung ist zentrale Aufgabe des Marketingmanagement und ist bedeutender Erfolgsfaktor für zielgerichtete Marketingentscheidungen und Empfehlungen für den Einsatz von Marketinginstrumenten (vgl. Meffert et al., 2008, S. 100).

Für eine **definitorische Abgrenzung**[59] umfasst der Begriff des Konsumentenverhaltens „(…) alle beobachtbaren Handlungen von Individuen im Zusammenhang mit dem Kauf oder dem Konsum wirtschaftlicher Güter, (…) welche im Rahmen der Konsumentenverhaltensforschung systematisch untersucht werden." (Homburg/Krohmer, 2006, S. 27). Dabei ist die Konsumentenverhaltensforschung als eigenständiger, wissenschaftlicher Bereich vielfältig mit anderen Disziplinen vernetzt. So ist sie als ein interdisziplinäres Forschungsgebiet aus Psychologie, Soziologie, Sozialpsychologie, biologischer Verhaltensforschung und dem Marketing zu verstehen (vgl. Trommsdorff, 2004, S. 19-22).

Ein erster Versuch das komplexe und vielschichtige Konsumentenverhalten zu beschreiben, ist die Unterscheidung zwischen Kognitionen und Emotionen. Die Kognition umfasst dabei alle Vorgänge und Strukturen, die in einem gedanklichen oder rationalen Zusammenhang stehen (z.B. Informationsverarbeitung). Dem entgegen steht ein automatisiertes bzw. nicht bewusstes, emotionales Verhalten, dass sich auf gefühlsmäßige Aspekte bezieht (vgl. Homburg/Krohmer, 2006, S. 29).
Um das Verhalten von Konsumenten noch weiter erklären zu können bzw. dieses weiter in Teilaspekte zu zerlegen, haben sich in der Literatur insbesondere zwei, differenzierte Vorgehensweisen durchgesetzt: Das **Totalmodell**, welches versucht möglichst alle Bestimmungsfaktoren beim Kauf- und Entscheidungsverhalten abzubilden und das **Partialmodell**, das hingegen versucht einzelne Ausschnitte des Verhaltens zu beschreiben und diese isoliert zu betrachten (vgl. Meffet et al., 2008, S. 106). Auch wenn das Totalmodell besonders komplex ist und daher auf starke Abstraktionen

Ausdruck „(Ziel)Kunde" bzw. „(Ziel)Kundenmanagement" international durchgesetzt (vgl, Trommsdorff, 2004, S.17). Für die vorliegende Arbeit werden die Begriffe „Konsument" und „Kunde" sowie „Konsumentenverhalten" und „Kundenverhalten" synonym verwendet.

[59] Und auch Blackwell, Miniard und Engel definieren Konsumentenverhalten als: „activities people undertake when obtaining, consuming, and disposing of products and services" (Blackwell et al., 2001, S. 6) und weisen damit daraufhin, dass das Konsumentenverhalten über den eigentlichen Akt der Kaufentscheidung hinaus geht.

angewiesen ist, ist der Vorteil, dass dieses eine umfassende Erklärung liefert (vgl. Kroeber-Riel/Weinberg, 2002, S. 373; Meffert, 2000, S. 132).

Die nachfolgende Abbildung zeigt ein ausgewähltes Totalmodell[60]: Das Model von Howard und Sheth:

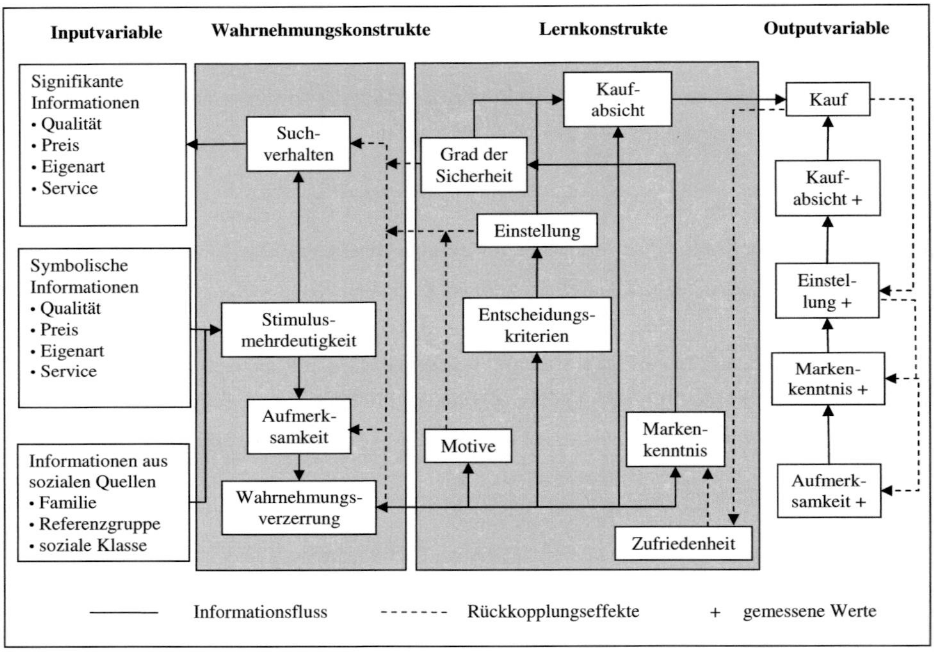

Abbildung 4 **Totalmodell des Konsumentenverhaltens von Howard und Sheth**
Quelle: Eigene Darstellung in Anlehnung an Howard/Sheth, 1969, S. 30

Das Modell von Howard und Sheth gliedert das Konsumentenverhalten in drei Teile. Der erste Teil beschreibt einen bestimmten **„Stimulus"** (Inputvariable), der innerhalb des zweiten Teils **„Organismus"** (Wahrnehmungs- und Lernkonstrukte), elf intervenierende Variablen umfasst und zu einer bestimmten Reaktion führt und damit zum dritten Teil **„Response"** (Outputvariable) zu z.B. Kauf, Kaufabsicht, Einstellung, etc. führt (vgl. Meffert, 2000, S. 132). Grundlage für dieses Modell ist

[60] Dem Modell von Howard und Sheth wird schon seit langem aufgrund seiner umfassenden konzeptionellen Leistung eine herausragende Rolle zugesprochen (vgl. Mazanec, 1978, S. 9). Und auch heute noch ist es eines der etabliertesten Erklärungsmodelle und ist sowohl in der Wissenschaft ais auch in der Praxis auf breite Resonanz gestoßen (vgl. Meffert et al., S. 138). Ein weiteres verbreitetes Modell, dass nicht die Konstellationen der Variablen im Fokus hat, sondern die Kaufentscheidung in aufeinander folgenden Phasen gliedert, ist das Modell von Engel et al. und dessen Weiterentwicklung (vgl. Engel et al., 1978, S. 32; Engel et al., 1995, S. 482).

somit das kausalverknüpfte SOR-Paradigma[61] (vgl. Balderjahn/Scolderer, 2007, S. 10 f.). Auch wenn dieses Modell einen relevanten Beitrag zur Strukturierung von Hypothesen zum Konsumentenverhalten liefert, fehlen zentrale Konstrukte wie bspw. Involvement oder Emotionen sowie Operationalisierungsmöglichkeiten der Konstrukte (vgl. Meffert et al., 2008, S. 140). Und auch eine empirische Bestätigung ist somit kaum möglich[62] (vgl. Foscht/Swoboda, 2005, S. 28).

Die partialanalytischen Erklärungsansätze haben hingegen ganz eigenständige Theorien und beruhen auf relevanten Konstrukten bzw. Zuständen und bestimmten Prozessen des Konsumentenverhaltens (vgl. Trommsdorff, 2004, S. 34 f.). Dabei gibt die nachstehende Tabelle einen Überblick über die wichtigsten Konstrukte[63].

Zustände	Prozesse
Involvement /Aktiviertheit	Informationsaufnahme
Gefühle / Emotionen	Wahrnehmung
Wissen / Kognitionen	Lernen
Motive / Bedürfnisse	Denken
Einstellungen / Images	Entscheiden
Werte / Normen	Verhalten
Lebensstile / Persönlichkeit	-------------

Tabelle 3: **Relevante Konstrukte zur Erklärung der Konsumentenverhaltens**
Quelle: Eigene Darstellung in Anlehnung an Trommsdorff, 2004, S. 35

Die **Zustände** stehen dabei in Interdependenz zum sozialen Umfeld, werden geprägt durch z.B. Kultur, gesellschaftliche Norm oder auch Schicht-, Gruppen- und Familienzugehörigkeit. Sie können definiert werden „als intrapersonale Bestimmungsfaktoren des Konsumentenverhaltens werden interne, psychologische Konstrukte bezeichnet, die sich durch einen unterschiedlichen Komplexitätsgrad auszeichnen. Sie bauen im Sinne einer Hierarchie aufeinander auf, so dass die „Persönlichkeit“ alle anderen Konstrukte – Aktiviertheit und Involvement, Emotion, Motiv, Einstellung und Werte – integriert“ (Meffert et al., 2008, S. 107).

Die **Prozesse** hingegen folgen dem Modell der Informationsaufnahme und -verarbeitung. Hierbei sind verhaltenswissenschaftliche Theorien insbesondere an Erklärungen von Veränderungen und

[61] Das für diese Arbeit relevante SOR-Modell wird ausführlicher im Rahmen des theoretischen Bezugsrahmens in Abschnitt 3.2.1 besprochen.

[62] Eine genaue Beschreibung konnte nicht geleistet werden und somit eine empirische Überprüfung nur teilweise erfolgen (vgl. Farley/Ring, 1970, S. 427-438 sowie 1974, S. 89-96; Hunt/Papas, 1972, S. 346.348; Lutz/Resch, 1972, S. 344-345).

[63] Da eine genauere Erläuterung der einzelnen Konstrukte und den dahinter stehenden, komplexen Theorien für diese Arbeit nur eine untergeordnete Rolle werden aus pragmatischen Gründen keine vertiefenden Erläuterungen vorgenommen. An dieser Stelle sollen sie nur der Vollständigkeit genannt. Vgl. für eine ausführliche Erklärung sowie Operationalisierungsmöglichkeiten Trommsdorff, 2004.

dynamischen Erklärungsgrößen interessiert (vgl. Trommsdorff, 2004, S. 35-38). Dabei bestimmt das Ausmaß eines Prozesses bspw. welche Informationen beim Konsumenten ankommen, wie er diese aufnimmt, beurteilt, speichert und im Hinblick auf eine Kaufentscheidung einsetzt (vgl. Homburg/Krohmer, 2006, S. 54).

Zusammenfassend konnte gezeigt werden, dass das Konsumentenverhalten komplex, vielschichtig und dynamisch sein kann. Dennoch ist es von enormer Bedeutung dieses zu versehen, da zielorientierte Marketingmaßnahmen sowie deren Erfolge, die Kenntnis[64] des Konsumenten voraussetzten.

2.3 Charakteristika der Automobilbranche und Daten zu Volkswagen Nutzfahrzeuge

2.3.1 Die deutsche Automobilindustrie - Zahlen, Daten, Fakten

Vor dem Hintergrund des Praxisbezuges dieser Arbeit zur Automobilbranche, gibt dieses Kapitel einen Überblick über charakteristische **Merkmale des Automobilmarktes**[65]. Anschließend werden spezifische Eckdaten der Nutzfahrzeugbrache erarbeitet und letztlich die wichtigsten Größen zum Unternehmen Volkswagen-Nutzfahrzeuge und dessen Produkte vorgestellt.

Wenn man vom Automobilmarkt spricht, spricht man in Anbetracht seines enormen Volumens von einem der wichtigsten Gütermärkte. nicht nur für ein bestimmtes Land, sondern für die gesamte industrielle Welt (vgl. Häubl, 1995, S. 85). Dieses gilt insbesondere auch für Deutschland, indem die Automobilindustrie sowohl für die Volkswirtschaft von höchster Bedeutung ist, als auch zu den größten und innovativsten Industriezweigen gehört (vgl. Radtke et al., 2004, S. 15; Okamuro, 1992, S. 79; Dehne, 1970, S. 1).

[64] Um Kenntnis und Schlussfolgerungen über das Konsumentenverhalten zu erlangen bedienen sich Forscher unterschiedlichster Methoden und Techniken. Je nach dem ob das Ziel ist ein hypothetisches Modell zu überprüfen, Ergebnisse zu generieren, die für Marketingstrategien verwendet werden oder andere bestimmte Fragestellungen zu beantworten, können unterschiedliche Forschungsmethoden relevant sein. Grundsätzlich kann dabei zwischen qualitativer und quantitativer Forschung unterschieden werden. Während bei der qualitativen Forschung ein erklärenden Ansatz verfolgt wird, der zwar Probleme untersucht, aber aus dem man keine endgültigen Schlüsse ziehen kann, hat die quantitative Methode zum Ziel einen problemlösenden Ansatz zu verfolgen, der Schlüsse aus der Überprüfung von Hypothesen zulässt. Wobei bei einer ganzheitlichen Erfassung des Konsumentenverhaltens beide Methoden durchaus komplementär begriffen werden (vgl. hierzu und zu einer ausführlichen Betrachtung über Methoden zur Erforschung des Konsumentenverhaltens Solomon et al., 2001, S. 42-51).

[65] Für eine ausführliche Beschreibung des Automobilmarktes, dessen wirtschaftlichen Situation sowie internationale Rahmenbedingungen, alle relevanten Zahlen, Daten, Fakten und Trends gibt der VDA (Verband der Automobilindustrie) einen jährlichen Bericht heraus (vgl. VDA, 2008).

Die Art der Produkte der Automobilbranche umfasst dabei im Kern die Herstellung von Kraftwagen, zu denen sowohl Personenkraftwagen[66] (Pkw) als auch Lastkraftwagen[67] (Lkw) (sowie auch Kombiwagen und Busse) gehören. Erweitert wird dieser Kern um die Herstellung und Zulieferung von u.a. Motoren, Kraftfahrzeugteile und -zubehör, Anhänger, Zugmaschinen, etc. (vgl. Unger, 1998, S. 7; Dehne, 1970, S. 11).

Besonders charakteristisch für die Automobilbranche, ist ein, aufgrund eines breiten Überangebotes an Automobilen, weitgehend gesättigter Markt, sowie ein intensiver Wettbewerb[68] zwischen den Anbietern (vgl. Smith, 1988, S. 17; Schürmann, 1988 S. 95).

So ist die Branche gezwungen auf eine teilweise verstärkte Kundenorientierung zurückzugreifen (vgl. Heise, 1997, S. VII).

Daten[69] zum Automobilmarkt (Basisjahr 2007):

Im Jahr 2007 erwirtschaftete die deutsche Automobilindustrie rund 291 Mrd. Euro Umsatz (davon 107 Mrd. Innlands- und 184 Mrd. Auslandsumsatz), was die ernorme Bedeutung für die Volkswirtschaft belegt. Die Beschäftigungszahl von 744.559 Personen und ein Forschungs- und Entwicklungsaufwand von 18,2 Mrd. Euro machten dies möglich.

Bei einer weltweiten Gesamtproduktion von ca. 73,2 Mio. Kraftwagen, beträgt die Weltautomobilproduktion deutscher Hersteller rund 12,2 Mio. (davon 6,2 Mio. Innlandsproduktion). Damit haben deutsche Konzernmarken einen Anteil von ca. 16,9% an der Weltautomobilproduktion.

Insgesamt wurden 2007 in Deutschland ca. 3,5 Mio. Neuzulassungen registriert, wobei sich die jährliche Neuzulassungszahl vom Jahr 1957 (ca. 560.000 Stk.) innerhalb von 50 Jahren ca. versechsfacht hat.

Des Weiteren machen 4,6 Mio. Exporte und eine Exportquote von ca. 75%, Deutschland zum Exportweltmeister.

Trotz dieser hohen Exportzahl sind hierzulande über 44 Mio. Kraftfahrzeuge zugelassen, was bei einer Bevölkerungszahl[70] von 82,2 Mio. bedeutet, dass auf fast jeden zweiten Einwohner Deutschlands ein Kraftfahrzeug kommt.

---

[66] Unter Pkw versteht man dabei ein Kraftfahrzeug, was überwiegend zum Transport von Personen, deren Gepäck oder Güter bestimmt ist (vgl. VDA, 1999, S. 6).

[67] Eine genauere Beschreibung eines Lastkraftwagens wird im direkt anschließenden Abschnitt vorgenommen.

[68] So sind neben den großen deutschen Herstellen (z. B. VW, Audi, Mercedes-Benz, Opel) in keinem anderen europäischen Land, so viele ausländische Hersteller auf den Straßen anzutreffen (vgl. Bauer et al., 1996, S. V).

[69] Die Daten beziehen sich dabei auf die Veröffentlichungen der VDA sowie der OICA (Organisation Internationale des Constructeurs d'Automobiles) vgl. VDA, 2009a sowie OICA 2009.

2.3.2 Die Nutzfahrzeugbranche als besonderer Teil der Automobilindustrie

Wie schon erwähnt, ist die Nutzfahrzeugbranche ein bedeutender Teil der Automobilindustrie und trägt somit zu den o.g. Daten bei. Im Folgenden soll jedoch diese spezielle Branche kurz gesondert beschrieben werden.

Dabei gilt es zunächst zu klären, welche Charakteristika ein Nutzfahrzeug ausmacht. Im Gegensatz zum Pkw unterscheiden sich Nutzfahrzeuge hinsichtlich ihrer hauptsächlich ökonomischen Bedeutung. Auch wenn Nutzfahrzeuge, wie Pkws, als Fortbewegungsmittel benutzt werden und somit als Konsumgut gesehen werden können, sind Nutzfahrzeuge grundsätzlich eher als **Investitionsgut** zu sehen, welche zur Erstellung von Güterverkehrsleistungen entweder einen Fremdbedarf (gewerblicher Güterverkehr) deckt oder für eigene Zwecke (Werkverkehr) eingesetzt wird (vgl. Schmidt, 1993, S. 45). Je nach Bauart können Nutzfahrzeuge zum Transport von Personen, Gütern oder zum Ziehen von Anhängerzügen verwendet wenden. Darunter fallen bspw. Lastkraftwagen, Sattelzugmaschinen, Traktoren, Kraftomnibusse, etc. (vgl. VDA, 1989, S. 7, Schmidt, 1993, S. 45). Unterschieden wird zudem nach unterschiedlichen Gewichtskategorien[71]. So haben „leichte Nutzfahrzeugen" größtenteils ein zulässiges Gesamtgewicht von unter 6 Tonnen und „schwere Nutzfahrzeuge" haben ein Gewicht von mind. 6 Tonnen bis teilweise weit über 16 Tonnen (vgl. VDA, 2009a).

Der Einsatz von Nutzfahrzeugen und die Entwicklung der Nutzfahrzeugbranche sind z.B. von dem Bedarf an Transportleistungen abhängig. So variiert das Branchenwachstum bspw. aufgrund des gesamtwirtschaftlichen Wachstums in einer Volkswirtschaft und dem zugrunde liegenden intra- und intersektoralen Strukturwandel (vgl. Ihde, 1984, S. 64; Schmidt, 1993, S. 55). Der Bedarf an Nutzfahrzeugen wird somit stark z.B. von konjunkturellen Schwankungen, Gewinnsituationen von Investoren oder Erwartungen über Produktionsstrukturen bzw. Wirtschaftsentwicklungen verschiedener Branchen determiniert (vgl. Diez, 1986, S. 133-140).

---

[70] Die Bevölkerungszahl bezieht sich auf die Veröffentlichung des Statistischen Bundesamtes (vgl. Statistisches Bundesamt Deutschland, 2009).

[71] Eine weiterausdifferenzierte Aufteilung der Gewichtskategorien, die für diese Arbeit jedoch keine Relevanz zugesprochen wird, ist durchaus möglich (vgl. Schmidt, 1993, S. 46 f.).

Daten[72] zum Nutzfahrzeugmarkt (Basisjahr 2007):

Betrachtet man die weltweite Produktion von Nutzfahrzeugen, ergibt sich folgendes Bild: Insgesamt wurden im Basisjahr 11,6 Mio. Nutzfahrzeuge weltweit produziert. Der größte Produzent, mit deutlichem Abstand zu anderen Produktionsländern, ist Asien (7,3 Mio.). Alleine China mit 3,5 Mio. produzierten Stückzahlen, liegt noch über Europa mit 3,4 Mio..
Die weltweite Produktion von deutschen Herstellern umfasste im Jahr 2007 ca. 1,2 Mio. Nutzfahrzeuge. Davon waren rund 574.000 leichte Nutzfahrzeuge (bis 6 t zul. Ges.-Gew.), 548.000 schwere Nutzfahrzeuge (über 6 t zul. Ges.-Gew.) und die verbleibenden 78.000 fielen auf die Produktion von Omnibussen. Die Inlandsproduktion schlug dabei mit 500.000 Nutzfahrzeugen zu Buche und liegt damit knapp unter der Auslandproduktion.
Die Anzahl an Neuzulassungen in Deutschland insgesamt betrugen rund 334.000. Ca. 222.000 waren davon leichter als 6 t und ca. 52.000 schwerer. Der Rest teilt sich auf Busse, spezielle Sattelzugmaschinen und übrige Nutzfahrzeuge auf. Auch die Exportzahl ist bei den leichten Nutzfahrzeuge mit 222.000 Stück größer, als bei seinem schweren Pendant (132.000 Stück).
Der Nutzfahrzeugbestand lag in Deutschland im Jahr 2007 bei 2.837.000 Stück und damit entfielen auf je 1000 Einwohner ca. 35 Nutzfahrzeuge.

Die aktuelle Situation der Nutzfahrzeuge (Anfang bis Mitte 2009) sieht jedoch nicht besonders gut aus. So spricht das manager-magazin von einer „ungebremsten Talfahrt" des europäischen Nutzfahrzeugmarktes, der im Vergleich zum Vorjahr aktuell 40% weniger Absatz verbucht (vgl. manager-magazin, 2009). Die VDA bestätigt, dass auch in Deutschland die Situation nicht viel besser ist. 32% weniger Neuzulassungen und ein Rückgang von 69% der Produktion von Transportern, belegen, dass die gesamte Branche stark von der globalen Rezession und des weltweiten Konjunktureinbruchs erfasst wurden (vgl. VDA, 2009b)

2.3.3 Basisdaten zu Volkswagen Nutzfahrzeuge

Das Unternehmen Volkswagen Nutzfahrzeuge, mit der Produktion von Nutzfahrzeugen als rudimentärer Unternehmenszweck, ist ein eigenständiger Geschäftsbereich der in Wolfsburg sitzenden Volkswagen AG. Der Ursprung des Unternehmens startete am 8. März 1956 als der Beginn der

[72] Die Daten beziehen sich dabei auf die Veröffentlichungen der VDA sowie der OICA (Organisation Internationale des Constructeurs d'Automobiles) vgl. VDA, 2009a sowie OICA 2009.

Produktion des ersten Transporters in Hannover stattgefunden hat[73]. Die eigentliche Marke „Volkswagen Nutzfahrzeuge“ existiert jedoch erst seit dem Jahr 1995.
Derzeit wurden im Jahr 2007 rund 435.000 Nutzfahrzeuge produziert, mit denen Volkswagen Nutzfahrzeuge (Hauptsitz[74] in Hannover mit rund 15.000 Beschäftigte) einen Umsatz von ca. 9,3 Mrd. Euro und einem operativen Ergebnis von ca. 305 Mio. Euro erzielte (vgl. Volkswagen AG, 2008, S. 90 f.). Im Europäischen Wirtschaftsraum lag dabei Volkswagen Nutzfahrzeuge mit einem Marktanteil von 14,6% und rund 312.000 neu zugelassenen, leichten Nutzfahrzeugen an der Spitze der Zulassungsstatistik.

Zu den Produkten[75] des Unternehmens gehören vorwiegend Kleintransporter und leichte Nutzfahrzeuge. Als Beispiele für die Produkte von VWN, sind neben den in Hannover produzierten Transporter und Multivan aus der Baureihe T5 sowie den Lastentransporter LT, u.a. auch die Marken Caddy, Caddy Life, Amarok, Caravelle, Crafter, Califonia und deren jeweiligen Produktvarianten zu nennen.

3 Entwicklung eines theoretischen sowie konzeptionellen Bezugsrahmens

3.1 Theoretischer Bezugsrahmen Teil I: Die Bestandteile der Tradition und ihre Wertschöpfung - Ein Modell von Buß

Nachdem bereits die für diese Arbeit relevanten, theoretischen Grundlagen gelegt wurden, ist es nun Aufgabe einen Bezugsrahmen für die folgenden Untersuchungen aufzuspannen. Dem Bezugrahmen kommt für den sukzessiven Aufbau dieser Arbeit eine wichtige Rolle zu Teil. Zum einen ist es das Ziel, die im späteren Verlauf folgenden Analysen, zu strukturieren und zum anderen gilt es, die empirischen Überprüfungen zunächst aus theoretischer Sicht zu fundieren. Der Bezugsrahmen wird dabei in einen theoretischen und einen konzeptionellen Bestandteil zerlegt. Der konzeptionelle Teil wird in Abschnitt 3.3 erläutert und liefert den zu analysierenden Untersuchungsbereich für die aufbauende Empirie.
Ziel dieses Kapitels hingegen ist es, einen **theoretischen Bezugsrahmen** abzustecken, der als „Vorarbeit“ anzusehen ist und die theoretische Basis für den weiteren Verlauf stellt. Da es die

---

[73] Diese und weitere Informationen im Folgenden können auf den offiziellen Web-Seiten entnommen werden (vgl. Volkswagen Nutzfahrzeuge Homepage, 2009; Volkswagen AG Homepage, 2009).
[74] Weitere Produktionsstandorte sind z.B. Polen (Poznan) wo der Caddy 3 hergestellt wird, Argentinien (Pacheco) mit der Produktion des Caddy 2 oder Brasilien (Anchieta, Produkt: T2) (vgl. VW AG, 2009).
[75] Für eine umfangreiche und bildhafte Darstellung sowie historische Entwicklung und Hintergrundinformationen zu den Produkten vgl. ausführlich Schupp et al., 2007.

Kernaufgabe dieser Arbeit ist, dass Konstrukt Markentradition zu operationalisieren und deren Auswirkungen auf das Konsumentenverhalten zu messen, wird dieser Part in zwei Teilen untergliedert. Teil I befasst sich mit dem traditionellen Aspekt. Anhand des **Traditionsmodells von Buß** soll die Tradition näher erläutert werden. Teil II wiederum beschäftigt sich mit dem von Geus konzipierten, **verhaltenswissenschaftlichen Modell der Markenführung** und seinen Wirkbezügen.

Im Folgenden wird nun der erste Teil des theoretischen Bezugsrahmens erläutert. Dieses geschieht hauptsachlich in Anlehnung an die Überlegungen von Buß[76]:

Auch wenn die Tradition eines Unternehmens zunehmend an Bedeutung gewinnt und sowohl in der Wissenschaft, als auch in der Praxis, viel diskutiert wird, ist den meisten Verantwortlichen oftmals nicht klar, welche wirtschaftlichen Auswirkungen die Tradition eins Unternehmens hat. Fragen, ob es einen Zusammenhang zwischen Tradition und messbaren Betriebserfolg gibt oder ob das Geschichtsbewusstsein den Ruf und die Marktstellung eines Unternehmens verbessert, werden kaum gestellt. (vgl. Buß, 2006, S. 201 f.).

Dabei verbergen sich hinter der Markentradition bedeutende und vielschichtige **Wertschöpfungspotenziale** für ein Unternehmen. Durch die Tradition einer Marke und den mit ihr verbundenen Werten gewinnt die Marke aus Sicht der Kunden und der Öffentlichkeit an Authentizität, Glaubwürdigkeit und Kompetenz. Zudem trägt sie zu einer deutlich höheren Kontinuität in der öffentlichen Wahrnehmung bei, welche sich direkt auf, entweder verhaltenswissenschaftliche Zielgrößen, wie z. B Markenloyalität[77], oder ökonomische Zielgrößen, bspw. Preispremiumakzeptanz, Absatz oder Umsatz, auswirkt (vgl. Buß, 2007, S. 80 f.). Auch empirisch, durch die Studie der BBDO, konnte ermittelt werden, dass die Tradition einer Marke als zentraler Markenwerttreiber und als Preispremiumpotential fungiert und den Ertrag einer Marke erhöhen kann (vgl. BBDO, 2004b). Demnach ist die Markentradition alles andere als ein beiläufiges „Etwas", sondern geht konstitutiv in die Wertschöpfung ein. Eine Indifferenz gegenüber ihrer Bedeutung käme einem Wachstumshindernis gleich (vgl. Buß, 2006, S. 202 f.). Zu groß ist der Einfluss auf die Motivation der Mitarbeiter sowie deren Bindung, auf die Kundentreue, auf den guten Ruf des Unternehmens und auf die Aufmerksamkeit bzw. Akzeptanz der Öffentlichkeit, als dass dieses zu vernachlässigen sei (vgl. Buß, 2007, S. 80).

Die nachfolgende Abbildung verdeutlicht diesen Zusammenhang und beschreibt das angesprochene Modell von Buß:

---

[76] Für einen umfassenden Überblick über die Überlegungen von Buß und seinem hier besprochenen Modell vgl. ausführlich Buß, 2007.

[77] Als ein Beispiel aus der Automobilindustrie sehen ca. 80% der Kunden von Mercedes-Benz in der Markentradition die Grundlage ihrer Loyalität (vgl. Buß, 2007, S. 80).

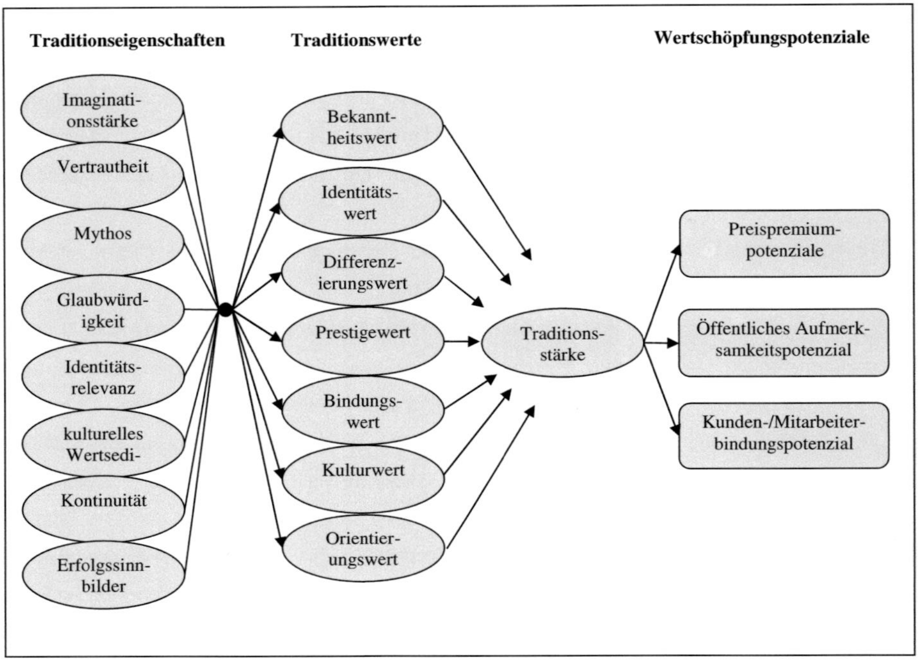

Abbildung 5: Das Traditionsmodell von Buß
Quelle: Eigene Darstellung in Anlehnung an Buß. 2007, S. 81

Im Allgemeinen besteht das obige Modell aus drei Teilen. Nämlich aus den Traditionseigenschaften, die die einzelnen Facetten der Tradition beschreiben, den Traditionswerten, welche den Gesamtwert der Tradition in unterschiedliche Faktoren bzw. Einzelwerte zerlegt und den möglichen Wertschöpfungspotentialen. Des Weiteren sind aus diesem Modell kausale Wirkungsbezüge abzuleiten. Somit gibt es Aufschluss darüber, wie der Zusammenhang zwischen Tradition und Betriebserfolg zu erklären ist.

Die jeweiligen Traditionseigenschaften wirken sich einzeln oder in bestimmten Kombinationen auf die jeweiligen Traditionswerte aus. Diese wiederum ergeben in Summe die Traditionsstärke, welche sich in verschiedenen Wertschöpfungspotenzialen niederschlagen. Zusammengefasst wird so verdeutlicht, inwieweit die Tradition (bzw. ihre einzelnen Facetten) wertschöpfend ist und sie u.a. Einfluss auf das Konsumentenverhalten nimmt.

Da ausgehend von diesem Modell die Tradition und ihre jeweiligen Bestandteile operationalisiert werden sollen, wird es im Folgenden Aufgabe des theoretischen Bezugsrahmens (Teil 1) sein, die einzelnen Facetten inhaltlich kurz zu beschreiben. Um das hypothetische Konstrukt Tradition näher zu durchleuchten, ist es Vorraussetzung ihre einzelnen Traditionsbestandteile inhaltlich zu fassen.

3.1.1 Inhaltlicher Überblick über die Traditionseigenschaften

Ähnlich wie in dem bereits beschriebenen Traditionsmodell von Urde et al., wird auch im Modell von Buß die Tradition in ihre einzelnen Bestandteile zerlegt. Dabei ist das Buß-Modell etwas breiter bzw. vielschichtiger angelegt, da statt den fünf Faktoren (track record, longevity, core values, use of symbols und history important to identity) hier 8 Facetten der Tradition und die daraus resultierenden Werte beschrieben werden. Da die Traditionseigenschaften als Ausgangspunkt für die drauf aufbauenden Erfolgsgrößen anzusehen sind, sollen diese im Folgenden kurz inhaltlich charakterisiert werden:

Imaginationsstärke:

Die Imagination (lateinisch „imago" übersetzt mit „Bild") wird auch als Vorstellungskraft verstanden und beschreibt die Fähigkeit sich z.B. abwesende Gegenstände, Personen, Konzepte, Ideen oder Situationen, in Form von Vorstellungen zu vergegenwärtigen. Dabei gibt sie die wahrgenommene Realität, basierend auf subjektiven Empfindungen oder Erinnerungen, als innere Bilder wider (vgl. Hildebrandt, 1996, S. 72 f.). Die Stärke gibt in diesem Zusammenhang die Ausprägung der Vorstellungskraft wieder.

Vertrautheit:

Die Vertrautheit beschreibt, inwieweit ein Vertrauensobjekt als u.a. bekannt, glaubwürdig, authentisch oder verlässlich eingestuft wird und ihm gegenüber Vertrauen entgegengebracht wird. Dabei ist das Vertrauen ein mehrdimensionales Konstrukt, das die Absicht oder Bereitschaft beschreibt, sich in einer bestimmten Situation auf etwas zu verlassen, auch wenn negative Konsequenzen möglich sind (vgl. Einwiller, 2003, S. 80).

Mythos:

Der Mythos, altgriechisch übersetzt als Wort, Geschichte oder Sage beschreibt ein kulturelles Phänomen, das durch Erzählungen das Urbildliche, das Verbindliche oder das Geltende zum Ausdruck bringt. Über erzählte Geschichten soll die Gegenwart über ihren Ursprung erhellt werden (vgl. Klumbies, 2001, S. 65-67). Er umfasst, Göttergeschichten, Ideologien, Rituale und kulturelle Elemente, die eine konstituierte Realität beschreiben (vgl. Graf, 1993, S. 14-16).

Glaubwürdigkeit:

Glaubwürdigkeit liegt vor, wenn jemand einem Bezugsobjekt (bspw. einer Person, Botschaft oder Situation) Vertrauen entgegenbringt und dieser Sache entsprechend Glauben schenkt bzw. als wahr ansieht. Dabei kann Glaubwürdigkeit entweder als subjektives Urteil einer Person aufgefasst werden oder als objektive, inhärente Eigenschaft des Bezugsobjektes (z.B. durch Kompetenz oder Expertise) gesehen werden (vgl. Eisend, 2003, S. 36 f.).

Identitätsrelevanz:

Insbesondere in Abschnitt 2.1.2.2 wurde bereits auf die Identität und ihre Bedeutung ausführlich eingegangen. Analog zum Traditionsfaktor History important to Identity (übersetzt als Identitätsrelevanz der Geschichte eines Unternehmens) aus dem Modell von Urde et al., gibt die Identitätsrelevanz an, inwieweit sich das Unternehmen ihrer eigenen Identität bewusst ist, dieser eine entsprechenden Bedeutung zukommen lässt und sie innerhalb der Marketingaktivitäten nutzt (vgl. Urde et al., 2007, S. 10 f.).

Kulturelles Wertsediment:

Da weder Buß selbst, noch die Literatur, eine Definition von dem Konstrukt „kulturelles Wertsediment" vornimmt, wird eine definitorische Annäherung über die Bedeutung der Wortinhalte vorgenommen. Dabei werden in diesem Zusammenhang unter Kultur, geistige und materielle Werte verstanden, die von Menschen erschaffen wurden und Grundlage bzw. Voraussetzung für weitere Aktivitäten sind (vgl. Terlutter, 1999, S. 11). Unter Werte hingegen können jene Vorstellungen verstanden werden, die wünschenswert sind und als Maßstab das menschliche Handeln lenken sowie Sinn und Identität bieten (vgl. Nohlen/Schultze, 2002, S. 110; Hepp, 1994, S. 4-6). Unter dem Begriff Sediment versteht man eine Ablagerungen oder eine Schichtbildung von fester Masse, wie z.B. Gestein, Schutt oder Eruptionsprodukte (vgl. Studer, 1844, S. 130).
Aus diesen Begriffen heraus werden als kulturelles Wertsediment bestimmte Maßstäbe und Normen verstanden, die sich über die Zeit hinweg entwickelten und Bestandteil der Identität sind.

Kontinuität:

Die Kontinuität bezeichnet den Fortbestand einer sachlichen Struktur oder die Stetigkeit eines Verlaufs ohne bedeutsame Unterbrechung. Dieses wird innerhalb einer bestimmten Zeitspanne mit Blick in die Vergangenheit, in die Zukunft oder in beiden Richtungen verankert und weist einen Objektbezug auf (vgl. Leisner, 2002, S. 16 f.).

Erfolgssinnbilder:

Erfolgssinnbilder oder auch Symbole des Erfolges sind tief verankerte Vorstellungsbilder. Sie sind als eine Art Chiffre des Erfolges und Erfahrungszusammenhänge zu definieren, die u.a. Orientierung, Loyalitäten und Identifikationsangebote erzeugen (vgl. Buß, 2006, S. 2003). Der Erfolg einer

Marke wird durch Symbole und ihrer symbolischen Wirkung kommuniziert (vgl. Buß, 2007, S. 77 f.).[78]

3.1.2 Die Traditionswerte als Facetten der Traditionsstärke

Der zweite Teil des Modells von Buß besteht aus den Traditionswerten. Diese sind den Traditionseigenschaften kausal nachgelagert und gelten als Bindeglied zwischen den Eigenschaften der Tradition und der nachfolgenden Traditionsstärke.

Wie aus der Abbildung 5 zu entnehmen ist, spiegeln sich die Eigenschaften der Tradition entweder direkt oder in Kombination in den jeweiligen Traditionswerten wider und sind somit Bestandteil dieser. Die Werte der Tradition wiederum münden in der Traditionsstärke und stellen die einzelnen Facetten dieser dar.

Da im konzeptionellen Bezugsrahmen auch die Traditionswerte als wichtige Bestandteile der Tradition angesehen werden, werden auch diese Faktoren, jeweils kurz, inhaltlich durchleuchtet[79]:

Bekanntheit:

Die Bekanntheit, z.B. von einer Marke, beschreibt die Fähigkeit des Konsumenten eine bestimmte Marke zu erkennen und sich an diese zu erinnern (vgl. Aaker, 1992, S. 83). Sie stellt dabei einen klaren Wettbewerbsvorteil dar, da Konsumenten in vielen Fällen unbekannte Marken bei ihrer Kaufentscheidung nicht berücksichtigen(vgl. Klante, 2003, S. 55).

Identität:

Die Identität wurde bereits ausführlich besprochen (vgl. Abschnitt 2.1.2.2). Zusammenfassend beschreibt die Identität die Summe aller Merkmale: „Die Markenidentität bringt zum Ausdruck, wofür die Marke stehen soll. Sie umfasst die essenziellen und wesensprägenden Merkmale einer Marke.“ (Esch, 2007, S. 81).

---

[78] So wird bspw. der Erfolg der Marke Mercedes-Benz über die Symbolkraft des Mercedes-Sterns kommuniziert. Darunter Fallen u.a. historische Bezüge (wie Tradition, Geschichte des Automobils), technische Werte (wie technische Überlegenheit, Qualität), soziale Werte (z.B. Sicherheit, Kompetenz) oder emotionale Wert (bspw. Stolz, Status oder Träume) (vgl. Buß, 2007, S. 78).

[79] In diesem Zusammenhang wird der Wert der Tradition, in Anlehnung an eine Definition des Markenwertes, als durch die Markentradition ausgelöste Wertsteigerung von Leistungen in den Augen der Konsumenten und auf Seite des Unternehmens, die sowohl ökonomisch nutzbar, als auch in monetären Maßeinheiten zu bewerten ist, verstanden (vgl. Bekmeier-Feuerhahn, 1998, S 46). Diese Definition gilt dabei für alle Faktoren, so dass zur Vereinfachung lediglich die Konstrukte Bekanntheit, Identität, Differenzierung, Prestige, Bindung, Kultur und Orientierung erläutert werden. Der Wert ergibt sich damit aus dem ökonomischen Nutzen, der aus diesen Faktoren generiert wird.

Differenzierung:

Grundsätzlich versteht man unter Differenzierung inwieweit sich z.B. Marken, aus Sicht der Konsumenten, von anderen Marken abheben und sich von ihnen unterscheiden. Ein Wettbewerbsvorteil entsteht dabei, wenn die Marke als einzigartig wahrgenommen wird und aufgrund ihres Unterscheidungsmerkmals bestimmte Präferenzen gebildet werden (vgl. Müller, 2007, S. 36).

Prestige:

Das Prestige (lat. praestigium: Blendwerk, Illusion) beschreibt das Ansehen bzw. die. öffentliche Geltung z.B. einer Marke. Je höher dieses Ansehen ist (hervorgerufen aufgrund bestimmter Leistungen), desto höher ist der Status bzw. Wertschätzung der Marke aus Konsumentensicht (vgl. Eisenegger, 2005, S.19 f.).

Bindung:

Unter Bindung wird ein emotionales Konstrukt verstanden, das sich auf eine gefühlsmäßige Verbundenheit des Konsumenten zu einer Marke konzentriert. Wenn ein Konsument gefühlsmäßig an eine Marke gebunden ist, wird diese sowohl sympathischer als auch positiver bewertet und ein Wegfall würde zu Bedauern führen (vgl. Möll, 2007, S. 104).

Kultur:

In Zusammenhang mit einer Marke, kann die Kultur als ein Werte- und Normensystem verstanden werden, das sämtliche Werte der Marke einschließt. Die Marke gilt dabei als Repräsentant dieser Werte. So ist die Kultur als wichtige Basis der Markenidentität anzu sehen (vgl. Ringle, 2006, S. 75).

Orientierung:

„Unter Orientierung wird die Fähigkeit verstanden, sich in zeitlicher, örtlicher, situativer und persönlicher Hinsicht, aufbauend auf frühere und gegenwärtige Wahrnehmungen, zurechtzufinden" (Götze et al., 2005, S. 79).

3.1.3 Traditionsstärke als Einfluss auf Wertschöpfungspotentiale

Betrachtet man nochmals das Traditionsmodell von Buß, so ist eine Kernaussage, dass die Tradition bestimmte Wertschöpfungspotentiale generiert bzw. diese beeinflusst. Über die einzelnen Facetten der Tradition, die Traditionseigenschaften, werden die Traditionswerte operationalisiert. Diese wie-

derum sind die Bestandteile der Traditionsstärke, welche einen direkten Einfluss auf verschiedene Wertschöpfungspotentiale hat.
Buß beschreibt dabei die Auswirkung auf genau drei Potentiale: Preispremiumpotentiale, öffentliche Aufmerksamkeitspotentiale und Kunden-/Mitarbeiterbindungspotentiale.
Das **Preispremiumpotential** ergibt sich aus der besonderen Kompetenz von Traditionsmarken. Aufgrund ihres erfolgreichen Bestehens über Jahre hinweg und der daraus resultierenden Glaubwürdigkeit und Authentizität der Marke, bieten Traditionsmarken aus Konsumentensicht einen Zusatznutzen und beeinflussen so das Konsumentenverhalten. Für diesen Zusatznutzen bzw. Mehrwert sind Konsumenten bereit einen entsprechenden Preisaufschlag zu zahlen. Darin liegen die Akzeptanz eines Preispremiums und die daraus resultierenden Potentiale begründet (vgl. Buß, 2007, S. 80). Die **Aufmerksamkeitspotentiale** werden durch den guten Ruf von traditionellen Marken begründet. Die historisch gewachsene Tradition einer Marke mit ihren klaren Traditionsbildern, ihrer Identitätsgeschichte und kommunizierten Werten wirken direkt auf die Kontinuität der öffentlichen Wahrnehmung. Die Folge sind Potentiale für ein verbessertes öffentliches Ansehen und für eine positive Reputation der Unternehmen aus Sicht der Öffentlichkeit (vgl. Buß, 2006, S. 201-203). Des Weiteren kann Traditionsstärke Potentiale bezüglich der **Bindung von Kunden und Mitarbeitern** nach sich ziehen. Der genannte Zusatznutzen von Traditionsmarken zieht in diesem Zusammenhang nicht nur eine Aufpreisbereitschaft nach sich, sondern wirkt sich auch, aufgrund langjähriger, positiver Erfahrungen, auf die Loyalität aus. Zudem schafft Tradition einen emotionalen Mehrwert für Mitarbeiter, der positive Auswirkungen auf die Motivation hat. Durch erhöhten Stolz auf die Leistungen von Traditionsmarken und eine gewisse Zugehörigkeit zur Traditionsgeschichte, verbessert die Identifikation der Mitarbeiter zum Unternehmen und resultiert in eine hohe Mitarbeiterbindung (vgl. Buß, 2007, S. 80)

An dieser Stelle ist der erste Teil des theoretischen Bezugsrahmens vollständig beschreiben. Dabei ist die Relevanz dieser „Vorarbeit" in der späteren Verwendung dieser theoretischen Erkenntnisse begründet. Sowohl der noch folgende konzeptionelle Bezugsrahmen, als auch die empirischen Analysen bedienen sich an der erläuterten Theorie und werden darauf aufbauen.

3.2 Theoretischer Bezugsrahmen Teil II: Das verhaltenswissenschaftliche Wirkungsmodell der Markenführung von Geus

3.2.1 Das S-O-R-Modell als Basis wahrnehmungsbezogener und verhaltensbedingter Wirkgrößen

Der zweite Teil des theoretischen Bezugsrahmens befasst sich mit der Entwicklung eines Wirkungsmodells der Markenführung[80]. Dabei werden übergeordnete, wahrnehmungsbezogene und verhaltensbedingte Wirkgrößen[81] aus verhaltenswissenschaftlichen Aspekten in den Fokus der Betrachtung gesetzt. Ziel dieses Kapitels ist es, diese Wirkgrößen in den Kontext des bereits kurz angesprochenen **S-O-R-Modells** theoretisch zu integrieren. Sowohl dieser, als auch der nächster Abschnitt, sind dabei als wichtige und grundlegende „Vorarbeiten" zum Aufbau des Modells zu verstehen. Der eigentliche theoretische Bezugsrahmen (zweiter Teil), nämlich das Modell von Geus, wird erst anschließend in Abschnitt 3.2.3 besprochen.

Unter dem Aspekt verhaltenswissenschaftlicher Ziele der Markenführung ist u.a. die Beeinflussung des Konsumenten von besonderer Relevanz. Diese Beeinflussung stützt den Aufbau und den Erhalt von Markenimages, Markenbekanntheit oder Markentreue und festigt diese, was sich in höherer Kauf- oder Preisbereitschaft widerspiegelt (vgl. Esch/Wicke, 2001, S. 1). Weiterhin ist eines der übergeordneten Ziele der Markenführung, den Markenwert zu steigern. Dabei versteht man, aus verhaltenswissenschaftlicher Sicht, den Wert einer Marke als Gedächtnisvorstellung zu der Marke und den damit verbundenen Reaktionen von Konsumenten (vgl. Geus, 2005, S. 13). Danach realisiert sich der Wert einer Marke in den Köpfen der Konsumenten. Die Vorstellung einer Marke ist insbesondere dann „wertvoll", wenn sich durch entsprechende Verhaltensweisen ein langfristiger und differenzierter Wettbewerbsvorteil gegenüber anderen Marken einstellt (vgl. Srivastava/Shocker, 1991). Zusammengefasst: Die in den Köpfen der Konsumenten existierende Vorstellung von einer Marke ist Grundlage ihres Verhaltens. Der ökonomische Erfolg einer Marke (z.B. Absatzmenge, Umsatz, Preisgestaltung) ist abhängig vom Verhalten der Konsumenten, welches wiederum von der Wahrnehmung der Marke bestimmt und angetrieben wird (vgl. Geus, 2005, S. 13).

[80] Dabei wird vornehmlich eine Anlehnung an die Überlegungen von Geus vorgenommen. Für einen umfassenden Überblick über die die Überlegungen von Geus und sein verhaltenswissenschaftliches Wirkungsmodell der Markenführung vgl. ausführlich Geus, 2005.

[81] Während wahrnehmungsbezogene Wirkgrößen sich auf die Wahrnehmung der Marke und auf vornehmlich intern ablaufende psychische Prozesse beziehen, berücksichtigen verhaltensbedingte Größen das Verhalten des Konsumenten gegenüber einer Marke. Letztere bilden die Reaktion des Konsumenten auf wahrnehmungsbezogene Größen.

Diese Sichtweise beschreibt den neo-behavioristischen Ansatz bzw. das so genannte S-O-R-Paradigma. Dieses Modell erklärt das Konsumentenverhalten indem Wirkung und Einfluss psychischer Faktoren in Betracht gezogen werden (vgl. Balderjahn/Scholderer, 2007, S. 6).

Nach diesem Verständnis besteht das Konsumentenverhalten nicht nur aus beobachtbaren, sondern auch aus nicht beobachtbaren, intervenierenden Vorgängen. Diese **intervenierenden Variablen** sind „interne" Größen bzw. Konstrukte, wie z.B. Aufmerksamkeit, Erinnerung, Motivation oder Einstellung. Sie sind nicht direkt beobachtbar, da sie im Organismus des Menschen ablaufen und nur indirekt über Indikatoren empirisch erfasst werden können (vgl. Meffert, 2000, S. 99). Das S-O-R- Modell beschreibt, dass ein von außen kommender Reiz bzw. Stimulus (S), über die im Organismus (O) stattfindenden, nicht beobachtbaren Vorgängen, zu einem bestimmten Verhalten bzw. Response (R) des Individuums führt (vgl. Kroeber-Riel/Weinberg, 2003, S. 30).

Bezieht man dieses Modell auf die Markenführung und unter Betrachtung ausgewählter wahrnehmungsbezogener[82] sowie verhaltensbedingter[83] Wirkungsgrößen, lässt sich dieses wie folgt abbilden:

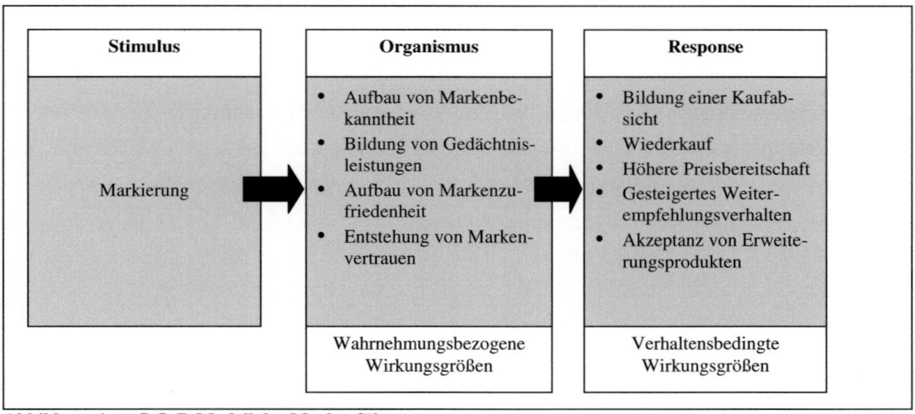

Abbildung 6: S-O-R-Modell der Markenführung
Quelle: Eigene Darstellung in Anlehnung an Geus, 2005, S. 22

Aus der Abbildung lässt sich entnehmen, dass aufgrund eines bestimmten Stimulus seitens der Markierung (darunter können auch Stimuli der Markentradition oder traditionelle Aspekte des Markenimage fallen) innerhalb der Wahrnehmung des Konsumenten entsprechende psychische Prozesse initiiert werden, die als Grundlage für gegenwärtiges und zukünftiges Verhalten fungieren (vgl.

[82] Für einen zahlreichen Überblick von Literaturquellen über wahrnehmungsbezogene Wirkgrößen der Markenführung vgl. Geus, 2005, S. 16 f..

[83] Für einen zahlreichen Überblick von Literaturquellen über verhaltensbedingte Wirkgrößen der Markenführung vgl. Geus, 2005, S. 20.

Geus, 2005, S. 14). So baut der Kontakt mit einer Marke, gekoppelt mit einem bestimmten Erfahrungswert, ein entsprechendes Wissen über die Marke auf. Dieses bildet die Basis der Beurteilung der Marke und ist somit Grundlage für den Aufbau von z.B. Markenzufriedenheit oder Markenvertrauen. Die wahrnehmungsbezogenen Größen wiederum führen, seitens des Konsumenten, zu bestimmten verhaltensbezogenen Größen, wie z.B. eine Kaufabsicht, Loyalität zur Marke oder höhere Preisbereitschaft und steigern damit den Markenumsatz und spiegeln sich in ökonomischen Erfolgsgrößen wieder. Kurz: Der Erfolg der Markenführung lässt sich über ihre verhaltenswissenschaftlichen Wirkgrößen bestimmen und wird von diesen determiniert (vgl. Kriegbaum, 2001, S. 74-77; Bekmeier-Feuerhahn, 1998, S. 133-115; Geus, 2005, S. 22, 45).

Zusammenfassend konnten zwei wichtige Aspekte theoretisch fundiert werden. Zum einen wurde aufgezeigt, dass ein bestimmter Stimulus, aufgrund der Konsumentenwahrnehmung und seiner angestoßenen, psychischen Prozesse, das Verhalten erklären kann. Zum anderen konnten, mit Rückgriff auf das S-O-R-Modell, die jeweiligen Größen dahingehend strukturiert werden, dass sie sich entweder auf die Markenwahrnehmung beziehen oder eben verhaltensbedingte Reaktionen beschreiben, die den Markenerfolg bestimmen (vgl. Geus, 2005, S. 15).

Diese Erkenntnisse lassen sich dabei als Basis für das weitere Vorgehen innerhalb des theoretischen Bezugsrahmens verstehen. Sie sind einerseits grundlegend für die Identifikation und Strukturierung bestimmter verhaltenswissenschaftlicher Wirkgrößen (vgl. Abschnitt 3.2.2) und andererseits Ausgangspunkt für die Konzeption des Wirkungsmodells der Markenführung von Geus (vgl. Abschnitt 3.2.3).

3.2.2 Elemente des verhaltenswissenschaftlichen Wirkungsmodells der Markenführung

Um das Wirkungsmodell der Markenführung aus verhaltenswissenschaftlicher Sicht aufzustellen, muss zunächst geklärt werden, welche **Wirkgrößen** bzw. **Erfolgsfaktoren** dieses determinieren. Bei der Analyse der Literatur[84] stößt man dabei auf eine Vielzahl unterschiedlicher Größen. Dennoch lässt sich der verhaltenswissenschaftliche Erfolg der Marke in diesem Zusammenhang auf acht übergeordnete Faktoren verdichten, die im Folgenden kurz vorgestellt werden (vgl. Geus 2005, S. 46):

[84] Einen sehr ausführlichen Überblick über die Vielzahl von Wirkgrößen sowie deren Fundierung in der Literatur gibt Geus (vgl. Geus, 2005, S. 15-27).

Die nachstehende Abbildung verdeutlicht diese übergeordneten Wirkgrößen und strukturiert diese innerhalb der beiden bereits beschriebenen Bereiche **Wahrnehmung** bzw. **Verhalten**.

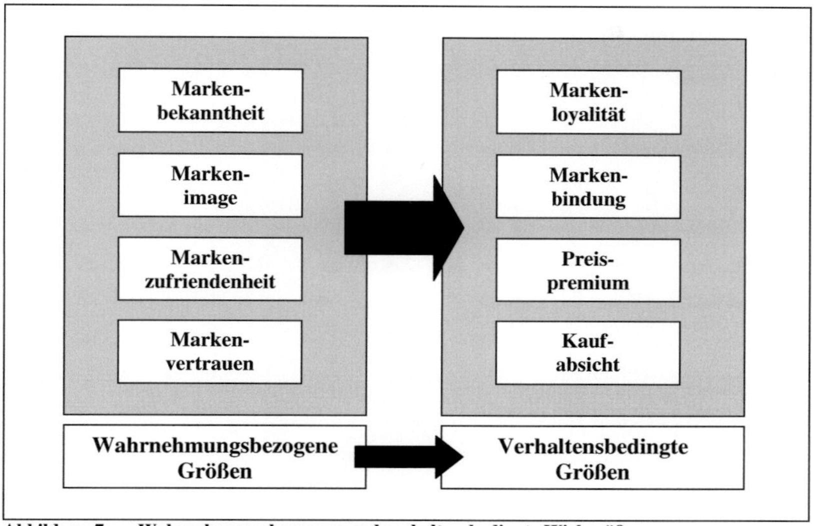

Abbildung 7: Wahrnehmungsbezogene und verhaltensbedingte Wirkgrößen
Quelle: Eigene Darstellung in Anlehnung an Geus, 2005, S. 48

Anhand der Abbildung wird deutlich, dass die wahrnehmungsbezogenen, den verhaltensbedingten Wirkgrößen kausal vorgelagert sind. Erst bei einer existenten Markenbekanntheit und eines bestehenden Markenimages sowie Markenzufriedenheit und -vertrauen ergeben sich die verhaltensbedingten Wirkgrößen.
Hinsichtlich ihrer besonderen Relevanz und Bedeutung für diese Arbeit, werden in den folgenden Abschnitten dieses Kapitels die einzelnen Größen genauer thematisiert. Dabei soll ein kurzer, inhaltlicher Überblick über die einzelnen Wirkgrößen vorgenommen werden.

3.2.2.1 Wahrnehmungsbezogene Wirkgrößen

In diesem Abschnitt werden im Folgenden die angesprochenen wahrnehmungsbezogenen Wirkgrößen der Markenführung inhaltlich charakterisiert.

Markenbekanntheit:
Die Markenbekanntheit umfasst die Fähigkeit des Konsumenten, die Marke zu erkennen und sich an ihre spezifischen Eigenschaften zu erinnern (vgl. Aaker, 1992, S. 83). Als erste Annäherung

kann dabei zwischen aktiver und passiver Markenbekanntheit unterschieden werden. Von einer aktiven Bekanntheit kann dann gesprochen werden, wenn es sich um eine ungestützte Bekanntheit handelt. Demnach ist charakteristisch für das passive Pendant, dass diese Bekanntheit durch z.B. eine sprachliche und/oder bildliche Erinnerung an die Marke gestützt wird (vgl. Esch/Geus, 2001, S. 1033). So ist es möglich, dass ein Konsument sich bspw. direkt an die Marke Mercedes-Benz (aktiv oder passiv) oder an den Stern als Symbol erinnert.

Des Weiteren kann die Ausprägung der Markenbekanntheit hinsichtlich ihrer Tiefe und Breite ausdifferenziert werden (vgl. Keller, 2003a, S. 77 f.).

Die Tiefe der Markenbekanntheit beschreibt wie wahrscheinlich es ist, dass ein Konsument sich an eine Marke erinnert. (vgl. Esch/Wicke, 2001, S. 50). Diese Wahrscheinlichkeit spielt insbesondere in dem Beurteilungs- und Entscheidungsprozess des Konsumenten eine wichtige Rolle. So werden häufig, bzw. mit einer größeren Wahrscheinlichkeit, die Marken bei der Kaufentscheidung bevorzugt, die einen hohen Wiederkennungswert haben und dem Konsumenten bekannt sind (vgl. Kapferer, 1998, S. 137 f.; Percy et al., 2002, S. 134).[85]

Die Breite der Markenbekanntheit hingegen gibt an, in welchem Kontext die Markenbekanntheit analysiert wird und berücksichtigt die Kauf- und Verwendungssituation (vgl. Geus, 2005, S. 62). So wird bspw. die Marke Harley Davidson nicht spontan zur Kategorie Motorräder genannt. Jedoch wird sich unter der Vorgabe „Motorräder, die Freiheit und Abenteurer vermitteln" hingegen häufig an diese Marke aktiv erinnert (vgl. Keller, 2001, S. 106).

Markenimage:

Das im Kopf des Konsumenten entstandene Gesamtbild der Marke mit allen subjektiven, ganzheitlichen und mentalen Charakteristika wird als Markenimage bezeichnet (vgl. Behrens et al., 2001, S. 244). Das Image besteht dabei aus einer Vielzahl von Eindrücken des Konsumenten, die verbaler, nonverbaler, emotionaler oder kognitiver Art sein können (vgl. Esch/Geus, 2001, S. 1003; Geus, 2005, S. 63). Neben den Eindrücken, die seitens des Konsumenten wahrgenommen und verarbeitet werden, spielen auch mit der Marke verbundene Assoziationen eine wichtige Rolle für das Markenimage. Je stärker eine Assoziation mit der Marke in Verbindung gebracht wird, desto klarer assoziiert der Konsument bestimmte Eigenschaften mit der Marke (vgl. Esch, 2003, S. 68-70).

Nach Geus besteht das Markenimage, als verhaltenswissenschaftliche Wirkungsgröße, aus unterschiedlichen Bestandteilen und Facetten (vgl. Geus, 2005, S. 16-18). Diese sollen anhand nachfolgender Tabelle inhaltlich aufgeschlüsselt werden.

---

[85] Und auch empirisch konnte die besondere Bedeutung der Markenbekanntheit auf z.B. Kaufentscheidung oder Aufpreisbereitschaft kausalanalytisch nachgewiesen werden (vgl. Bekmeier-Feuerhahn, 1998).

Bestandteil des Markenimages	Inhaltlich Erläuterung
Markenwissen	Beinhaltet sowohl beschreibende, als auch bewertende Eindrücke der Marke und umfasst mehrdimensionale, kognitive und emotionale Komponenten (vgl. Trommsdorff, 2004, S. 87 f.; Keller, 2003b, S. 596).
Einstellung zur Marke	Sie beschreibt die subjektiv wahrgenommene Eignung der Marke zur Befriedigung einer Motivation. Dabei umfasst sie eine affektive, kognitive und konative Komponente (vgl. Kroeber-Riel/Weinberg, 2003, S. 169 f.).
Inneres Markenbild	Die bildliche Vorstellung der Konsumenten kann im Rahmen des Markenimages zu einer besonderen Verhaltensrelevanz führen (vgl. ausführlich Ruge, 1988 sowie Andresen, 1991).
Markenwertschätzung	Die Wertschätzung einer Marke umfasst die generelle, affektive Wertschätzung der Marke durch den Konsumenten und drückt die Sympathie (Gefallen oder Mögen einer Marke) aus (vgl. Geus, 2005, S. 18).
Markenpersönlichkeit	Die Gesamtheit menschlicher Eigenschaften, die mit der Marke bei direktem oder indirektem Kontakt in Verbindung gebracht werden, wird als Markenpersönlichkeit verstanden (vgl. Aaker, 1997, S. 347).
Angenommene Qualität	Diese spiegelt die die Einschätzung des Konsumenten über die generelle Qualität der Marke wieder (vgl. Aaker, 1992, S. 108; Low/Lamb, 2000, S. 360).
Markeneigenständigkeit	Die Markeneigenständigkeit gibt die Differenzierungskraft an, die die Marke im Vergleich zu Konkurrenzmarken aufweist (vgl. Geus, 2005, S. 19).
Instrumental- oder Nutzenfunktion der Marke	Gibt den Nutzen an, den die Marke dem Konsumenten stiftet und inwieweit dieser in der Lage ist seine Bedürfnisse zu befriedigen (vgl. Vázquet et al., 2002, S. 29 f.).

Tabelle 4: **Bestandteile des Markenimages**
Quelle: Eigene Darstellung in Anlehnung an Geus, 2005, S. 16-19

Markenzufriedenheit:

Markenzufriedenheit entsteht, wenn eine Marke die Erwartungen des Konsumenten erfüllt oder übertrifft (vgl. Homburg/Giering, 2001, S. 1162 f.) Kundenzufriedenheit entsteht aus einem psychologischen Vergleichsprozess (Soll-Ist-Vergleich) zwischen der subjektiven Erwartungen an die Marke und den tatsächlichen Erfahrungen bei der Inanspruchnahme der Markenleistung (vgl. Meffert et al., 2008, S. 127).

Dieser Vergleichsprozess[86] lässt sich anhand folgender Abbildung darstellen:

[86] In der Literatur ist dieser Vergleichsprozess auch als Konfirmations-/Diskonfirmations-Paradigma bekannt (vgl. Homburg/Krohmer, 2006, S. 45; Geus, 2005, S. 69 f.).

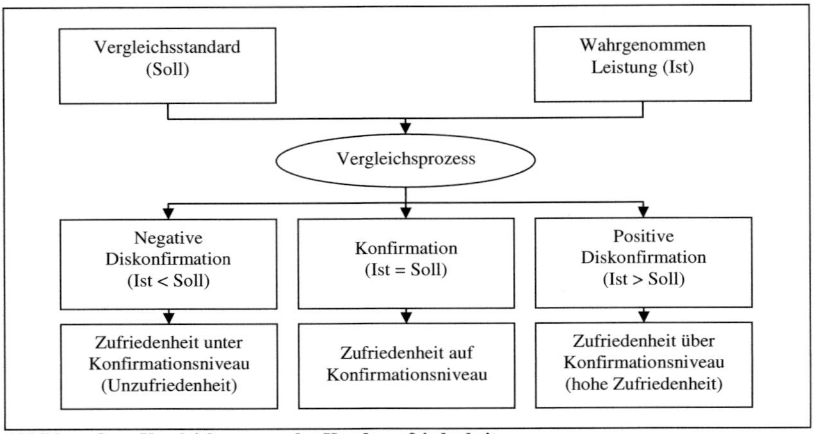

Abbildung 8: Vergleichsprozess der Kundenzufriedenheit
Quelle: Eigene Darstellung in Anlehnung an Homburg/Krohmer, 2006, S. 45

Das Management von Kundenzufriedenheit ist dabei als besonders marketingrelevant einzustufen, da es das Konsumentenverhalten auf verschiedenste Weise beeinflusst. So können unzufriedene Kunden sich beschweren, eine negative Mund-zu-Mund-Propaganda betreiben oder direkt die Marke wechseln. Hingegen zeichnen sich zufriedene Kunden durch eine erhöhte Markenloyalität, hohes Wiederkaufverhalten und imagefördernde Weiterempfehlungen aus. Auch die Bereitschaft Zusatzkäufe (Kauf weiterer Produkte) können Folge einer Markenzufriedenheit sein (vgl. Trommsdorff, 2004, S. 147; Homburg/Krohmer, 2006, S. 45 f.).

Markenvertrauen:

Das Markenvertrauen spiegelt wider, inwieweit sich der Konsument auf die von der Marke versprochenen Eigenschaften verlassen kann (vgl. Balderjahn/Scholderere, 2007, S. 182). Ein hohes Maß an Markenvertrauen reduziert die wahrgenommenen Risiken beim Kauf (vgl. Chaudhuri/Holbrook, 2001, S. 82). Demnach beschreibt das Vertrauen eine gewisse psychologische Beziehung des Konsumenten zu der Marke, die sich erst langfristig entwickelt und gestaltet (vgl. Meffert et al., 2008, S. 129).

Neben einem generalisierten Vertrauen, dass die grundsätzliche Vertrauensbereitschaft eines Individuums unabhängig von der Situation und dem Objekt beschreibt (vgl. Ripperger, 1998, S. 100 f.), lässt sich Vertrauen in affektives und kognitives Vertrauen unterscheiden (vgl. McAllister, 1995, S. 25; Kenning, 2002, S. 14; Michell et al., 1998, S. 161). Das affektive Vertrauen umfasst vielfältige emotionale Komponenten und wird durch Situationselemente, wie z.B. die Attraktivität des Interaktionspartners, beeinflusst (vgl. Dederichs, 1997, S. 71 f.). Das kognitive Vertrauen hingegen beruht auf Informationen über die Marke. Diese Informationen werden entweder indirekt aus externen

Quellen oder der Reputation der Marke entnommen oder werden direkt durch die eigenen Erfahrungen des Konsumenten mit der Marke gebildet. Dabei gilt, je positiver die Informationen, desto stärker ist das Vertrauen gegenüber der Marke (vgl. Grund, 1998, S. 109; Kenning, 2002, S. 17).

3.2.2.2 Verhaltensbedingte Wirkgrößen

Analog zum vorherigen Abschnitt werden im Folgenden die verhaltensbedingten Wirkgrößen der Markenführung inhaltlich charakterisiert.

Markenloyalität:

Die Loyalität, oder auch Treue, die einer Marke entgegengebracht wird, umfasst den wiederholten regelmäßigen Kauf dieser Marke (vgl. Meffert et al., 2008, S. 354; Pritchard et al., 1992, S. 155 f.). Dabei lässt sich im Rahmen einer verhaltensorientierten Untersuchung die Markenloyalität aus vier unterschiedlichen Betrachtungswickeln definieren (vgl. Jacoby/Kyner, 1973, S. 1 f.; Jacoby/Chestnut, 1978, S. 35-38; Geus, 2005, S. 88 f.), auf die jeweils kurz eingegangen wird:

<u>Markenloyalität definiert über die Kaufreihenfolge:</u>

Hierbei wird die Markenloyalität durch drei Kaufreihenfolgen beschrieben. Wenn der Konsument lediglich einer Marke treu bleibt entspricht dies einer Kaufsequenz von A-A-A-A-A („undivided loyalty). Wechselt er regelmäßig zwischen zwei Marken A-B-A-B-A so wird von einer „divided loyalty" gesprochen. Eine Frequenz von A-A-A-B-B (unstable loyalty) spricht schließlich für eine unregelmäßige Markenloyalität (vgl. Brown, 1952, S. 53-55).

<u>Markenloyalität definiert über den Kaufanteil:</u>

Bei der Analyse der Markenloyalität über den Kaufanteil, wird die Häufigkeit des Markenkaufs in Verhältnis zu der Kaufhäufigkeit aller Marken einer Produktkategorie gesetzt. Übersteigt dabei die Häufigkeit des Kaufs einer bestimmten Marke eine Schwellenwert (mind. 50%), so gilt der Konsument als markentreu (vgl. Geus, 2005, S. 88).

<u>Markenloyalität definiert über die Kaufwahrscheinlichkeit:</u>

Eine weitere Möglichkeit Markenloyalität zu definieren, bietet die Untersuchung der Kaufwahrscheinlichkeit. Mit Hilfe von statistischen Instrumenten wie Zeitreihenanalysen, bedingten Wahrscheinlichkeiten oder Markovscher Ketten können Kauf- und Wechselwahrscheinlichkeiten bestimmt werden (vgl. Homburg/Giering, 2001, S. 1164).

Markenloyalität definiert über eine Kombination verschiedener Indikatoren:
Die letzte Bestimmungsmöglichkeit bringt die zuvor Genannten zusammen. Sie beschreibt die Markenloyalität als eine Kombination der jeweiligen verhaltensbezogenen Indikatoren. Diese Kombination determiniert einen Index, der bspw. die Kaufreihenfolge, Wechselhäufigkeit oder insgesamt zur Verfügung stehenden Marken beinhaltet. Dieser Index wird schließlich zur Bewertung der Markenloyalität herangezogen wird (vgl. Geus, 2005, S. 89).

Markenbindung:
Die Markenbindung beschreibt die gefühlsmäßige Verbundenheit bzw. emotionale Bindung zur Marke und geht damit über einen reinen Wiederholungskauf hinaus (vgl. Geus, 2005, S. 46). Dabei baut die Markenbindung auf der Einstellung des Konsumenten zu der Marke auf, so dass dieser sich zu der Marke hingezogen fühlen kann (vgl. Weinberg, 1999, S. 44 f.). Neben der persönlichen, gefühlsmäßigen Bindung existieren jedoch im Rahmen des Marketing-Mixes eine Vielzahl von Möglichkeiten eine erhöhte Kundenbindung „künstlich“ zu generieren. Als Beispiel sind bestimmte vertragliche (u.a. rechtliche Vereinbarungen), ökonomische (u.a. hohe Wechselkosten), technisch-funktionale (u.a. Kompatibilitätsprobleme beim Wechsel) oder psychologische (u.a. persönliche Beziehung) Bindungsursachen zu nennen (vgl. Homburg/Krohmer, 2006, S. 527 f.).

Preis-Premium:
Während die Preisbereitschaft die grundsätzliche Absicht eines Konsumenten, in einer bestimmten Situation, einen bestimmten Höchstpreis für eine gewisse Leistung zu akzeptieren beschreibt (vgl. Diller, 2000, S. 168 f.), stellt das Preis-Premium den Preisaufschlag dar, den der Konsument bereit ist für eine Marke zu zahlen. Dieser wird im Gegensatz zu einer unbekannten Marke gemessen (vgl. Sattler, 1997, S. 55). Dabei ist ein Konsument genau dann bereit einen Preisaufschlag für eine Marke zu bezahlen, wenn er subjektiv der Meinung ist, dass diese Marke seine Bedürfnisse besser erfüllt, als eine andere Marke (vgl. Geus, 2005, S. 95).

Kaufabsicht:
Die Kaufabsicht ist als zukünftiges Kaufvorhaben der entsprechenden Marke zu verstehen (vgl. Kroeber-Riel/Weinberg, 2003, S. 54). Dieses Kaufvorhaben steht dabei in unmittelbarer Beziehung zu Absatzmenge und beeinflusst so ökonomische Zielgrößen wie Umsatz und Gewinn (vgl. Agarwal/Rao, 1996, S. 245). Mit Bezug zum S-O-R-Modell wird die Kaufabsicht durch die Erfahrung und Einstellung des Konsumenten erklärt (vgl. Geus, 2005, S. 92). Zudem wird die Kaufabsicht durch zwei Determinanten beeinflusst. Zum einen die Einstellung des Konsumenten gegenüber der

Marke und zum anderen seine subjektive Einschätzung der zu erwartenden Kaufsituation und damit späteren Kaufbedingungen (vgl. Kroeber-Riel/Weinberg, 2003, S. 176).
Die Kaufabsicht ist aus Sicht der Konsumentenforschung als Bindeglied zwischen komplexen, psychologischen Prozessen (intervenierender Variablen) und dem tatsächlichen Verhalten (Kauf der Marke) zu sehen (vgl. Howard/Sheth, 1969, S. 30). Die Kaufabsicht eignet sich dabei das tatsächliche Verhalten, den Kauf der Marke, zu prognostizieren[87] und steht dabei in direktem Zusammenhang mit dem Verhalten des Konsumenten (vgl. Engel et al., 1995, S. 393 f.; Kuß/Tomczak, 2000, S. 141).

Nachdem nun die relevanten Wirkgrößen aus dem Modell von Geus theoretisch fundiert worden sind, ist es nun dank dieser Vorarbeit möglich, das Modell und seine Wirkungszusammenhänge zu beschreiben. Die Modellierung und die Wirkungszusammenhänge werden im folgenden Abschnitt beschrieben.

3.2.3 Das Modell von Geus und seine Wirkungszusammenhänge

Das verhaltenswissenschaftliche Modell der Markenführung und seine Wirkungszusammenhänge[88] entwickelte Geus auf Basis des S-O-R-Paradigmas, ergänzt durch die in der Literatur bereits etablierten theoretischen Bezügen sowie deren empirischen Überprüfungen[89] (vgl. Geus, 2005).
Das Modell nimmt dabei für die vorliegende Arbeit eine Schlüsselrolle ein. So besteht der noch folgende konzeptionelle Bezugsrahmen, neben ausgewählten Teilen aus dem bereits angesprochenen Modell von Buß, auch aus einer Anlehnung an das Geus-Modell.
Die nachstehende Abbildung illustriert das Modell von Geus:

[87] Als Beispiel aus der Automobilindustrie kam Katona zu dem Ergebnis, dass ein signifikanter Zusammenhang zwischen Kaufabsicht und tatsächlichem Autokauf besteht. So kauften tatsächlich 63% der Befragten ein entsprechendes Auto, die zuvor angegeben haben, die Automobilmarke kaufen zu wollen (vgl. ausführlich Katona, 1960).

[88] An dieser Stelle ist anzumerken, dass auf das von Geus verwendete Untersuchungsdesign sowie die daraus resultierenden Ergebnisse nicht weiter eingegangen wird. Lediglich die theoretischen Überlegungen sowie das Grundkonzept dieses Modells, haben im weiteren Verlauf dieser Arbeit Relevanz. Für einen ganzheitlichen Überblick über seine Analysen und Schlussfolgerungen vgl. ausführlich Geus, 2005.

[89] Für einen Überblick über diverse empirische Überprüfungen von Wirkungszusammenhängen vgl. Geus, 2005, S. 28-43.

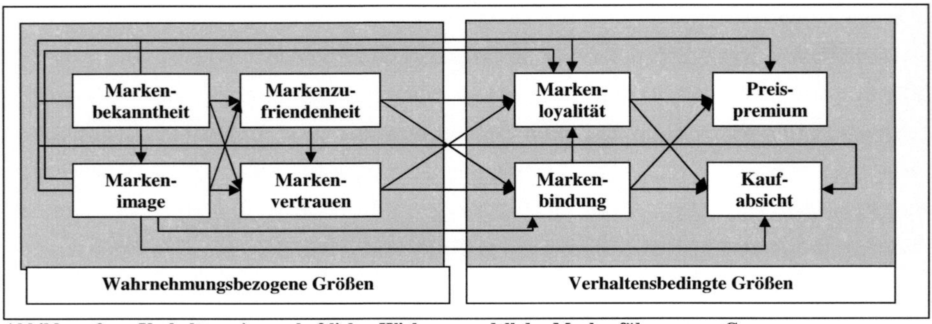

Abbildung 9: Verhaltenswissenschaftliches Wirkungsmodell der Markenführung von Geus
Quelle: Eigene Darstellung in Anlehnung an Geus, 2005, S. 120

Gemäß dem S-O-R-Paradigma, zeigt auch dieses Modell, dass die wahrnehmungsbezogenen Größen den Verhaltenbedingten kausal vorgelagert sind und diese beeinflussen. Erst nach Ablauf interner psychischer Prozesse wie z.B. die Bildung von Markenzufrieden oder –vertrauen stellt sich die Beziehung zum Konsumentenverhalten ein (wie z.B. die Bereitschaft die Marke zu kaufen oder einen höheren Preis dafür zu bezahlen) (vgl. Geus, 2005, S. 15).
Des Weiteren ist es möglich aus dem Modell den Einfluss bestimmter Wirkgrößen auf nachgelagerte Faktoren abzuleiten. Dabei können insbesondere untereinander stattfindende, kausale Wirkungsbeziehungen dieser Faktoren aufgedeckt werden (vgl. Esch, 2007, S. 76).

Bevor im Rahmen der Auswertungsanalyse die jeweiligen Wirkungszusammenhänge sowie der Einfluss der Tradition empirisch überprüft werden, werden zunächst die einzelnen Beziehungen theoretisch abgeleitet.

Auswirkung des Markenwissens auf die nachgelagerte Wirkungsgrößen:

Das Markenwissen[90] wird von den Wirkgrößen Markenimage und Markenbekanntheit operationalisiert und beinhaltet die jeweiligen inhaltlichen Komponenten der beiden Faktoren (vgl. Esch, 2007, S. 59). Zudem wird das Wissen einer Marke als Grundlage des Kaufentscheidungsprozess des Konsumenten verstanden (vgl. Grunert, 1990, S. 67).
Nach der oben stehenden Abbildung kommt sowohl der Markenbekanntheit als auch dem Markenimage eine zentrale Bedeutung zu. Sie sind Ausgangspunkt für aufbauende Wirkmechanismen und beeinflussen, entweder direkt oder indirekt (über andere Größen), alle weiteren Faktoren.
Die Markenbekanntheit ist dabei die notwendige Bedingung zum Aufbau des Markenwissens und beeinflusst auch das Markenimage. Bekannte Marken sind dem Konsumenten im Gedächtnis inten-

[90] Aus Vereinfachungsgründen und für eine verbesserte Übersicht werden die beiden Faktoren Markenimage und Markenbekanntheit zum Markenwissen zusammengefasst.

siver bewusst, mit der Folge, dass diese bei der Kaufentscheidung eher in Betracht gezogen werden[91]. Allein aufgrund der Markenbekanntheit kann es zum Wirken des Mere-Exposure-Effekts[92] kommen, der den Aufbau von Markenvertrauen, Markenloyalität und Markenzufriedenheit deutlicht beeinflusst (vgl. Geus, 2005, S. 105). Ebenso werden Kaufvorhaben und Preisakzeptanz von Konsumenten, insbesondere bei Situationen die kognitiv wenig kontrollierbar sind, auf Basis der Markenbekanntheit getroffen (vgl. Kapferer, 1998, S. 138; Keller, 2003a, S. 67-69).

Nicht geringer ist der **Einfluss des Markenimages** auf nachfolgende Wirkgrößen. Wie in Abschnitt 3.2.2.1 erläutert, entsteht Zufriedenheit/Unzufriedenheit durch den Abgleich der bestehenden Gedächtnisstruktur zu der Marke (Ist-Standart) und Anspruchsniveau (Soll-Standard). Da in diesem Kontext das Markenimage z.B. das Erwartungsniveau des Konsumenten beeinflusst, beeinflusst es auch die Zufriedenheit (vgl. Geus, 2005, S. 106). Die angesprochene Gedächtnisstruktur bzw. die Erfahrungen mit einer Marke als bewerteter Bestandteil des Markenimage wirken sich auf das Markenvertauen aus. Je positiver und vertrauenswürdiger diese Strukturen sind, desto höher ist das Vertrauen, das ihr entgegengebracht wird (vgl. Kenning, 2002, S. 15-17; Geus, 2005, S. 106).
Die Beeinflussung der Markenloyalität lässt sich durch gedächtnispsychologische Vorgänge, die auf dem Image basieren, erklären. Durch gesammelte Markenerfahrungen bildet sich im Kopf des Konsumenten ein gewisser Beurteilungsspielraum. Dieser Spielraum bestimmt gewisse Assoziationen hinsichtlich Markeneigenschaft und Anwendungsmöglichkeit. Ist in diesem Zusammenhang der Konsument der Meinung, dass die Marke entsprechenden Anforderungen gerecht werden kann, kann so ein wiederholtes Kaufverhalten entstehen (vgl. Grunert, 1990, S. 73 f.; Geus, 2005, S. 106).
In ähnlicher Weise wird die Bindung zu einer Marke determiniert. Die Markenbindung, als Einstellungsdimension der Loyalität, spiegelt hier jedoch die gefühlsmäßige Bindung des Konsumenten wider. Grundlage für Markenbindung ist die imagebezogene Einstellung (vgl. Dick/Basu, 1994, S. 100-102; Weinberg, 1999, S. 44 f.; Geus, 2005, S.106 f.).
Als letztes werden zudem die Kaufabsicht und die Preisbereitschaft maßgeblich vom Markenimage geprägt. Ist das Image einer Marke in der Lage den Konsumenten intern zu aktivieren oder eine Kaufmotivation (bspw. durch Empfindung eines Bedürfnisses nach dieser Marke) zu schaffen, äu-

[91] Im Extremfall werden Kaufentscheidungen zu Gunsten einer bestimmten Marke nur auf Grund ihrer Bekanntheit vollzogen (vgl. Geus, 2005, S. 105).

[92] Der Mere-Exposure-Effekt beruht auf den experimentellen Untersuchungen von Zajonc (1968) und besagt, dass bekannte Objekte deutlich positiver wahrgenommen werden als Unbekannte und dass sich die Einstellung zu diesem Objekt verbessert, je häufiger man mit ihm konfrontiert wird. Dadurch ist auch eine erhöhte Vertrautheit und positivere Beurteilung zu erwarten, die sich in Loyalität und Zufriedenheit niederschlägt (vgl. Schorn, 2005, S. 92: Geus, 2005, S. 105). Zajonc selbst beschreibt diesen Effekt folgendermaßen: „Mere repeated exposure of the individual to a stimulus is a sufficient condition for the enhancement of his attitude for it. By 'mere-exposure' is meant a condition which just make the given stimulus accessible to the individual´s perception" (Zajonc, 1968, S. 1).

ßert sich dies in der Kaufabsicht (vgl. Geus, 2005, S. 107). Außerdem ist die Imagewirkung einer Marke Grundlage für ihre Preiswürdigkeit[93]. Marken die stark in den Köpfen der Konsumenten verankert sind, differenzieren sich von Konkurrenzmarken und werden denen gegenüber vorgezogen (vgl. Esch/Geus, 2001, S. 1031-1033). Für diesen Vorzug ist auch die Preisbereitschaft entsprechend höher (vgl. Blackstone, 1990, S. RC-4; Park/Srinivasan, 1994, S. 273-276; Geus, 2005. S. 126).

Auswirkung der Markenzufriedenheit auf Markenvertrauen, -loyalität und -bindung:

Vor dem Hintergrund des psychischen Vergleichprozesses des Anspruch- und Erfüllungsniveaus, ist das Resultat Zufriedenheit oder Unzufriedenheit. Dabei werden positive Beurteilungen sowie positive Eindrücke verstärkt wahrgenommen und bauen so Vertrauen zu einer Marke auf (vgl. Geus, 2005, S. 111). Zudem hat die Markenzufriedenheit einen Effekt auf die Markenloyalität und die Markenbindung. So sind bei zufriedenen Konsumenten, aufgrund ihrer positiven Erfahrungen, zum einen gewisse Wiederkaufverhaltensweisen (Markenloyalität) zu beobachten und zum anderen wird eine emotionale Bindung (Markenbindung) aufgebaut (vgl. Homburg/Krohmer, 2006, S. 45 f.; Geus, 2005, S. 111). Des Weiteren versuchen Konsumenten bei der Kaufentscheidung ihr wahrgenommenes Risiko zu minimieren (vgl. Kroeber-Riel/Weinberg, 2003, S. 397 f.). Auch hier kann aufgrund der Zufriedenheit mit einer Marke ein vertrautes, loyales und gebundenes Verhalten die Folge sein (vgl. Geus, 2005, S. 111).

Einfluss des Markenvertrauens auf die Markenloyalität und -bindung:

In ähnlicher Weise wie bei der Markenzufriedenheit, hat das Markenvertrauen eine risikominimierende Wirkung, welche Loyalität und Bindung aufbaut. Durch das Vertrauen wird jedoch nicht nur das Risiko (bestehend aus z.B. Zeit, kognitiven Ressourcen oder Marktinformationen) verringert, sondern es findet zudem eine Komplexitätsreduktion statt, die die Entscheidungsfindung vereinfacht (vgl. Kroeber-Riel/Weinberg, 2003, S. 400-402; Geus, 2005, S. 114). Markenvertrauen ist eine notwendige Vorraussetzung um eine starke Bindung und Loyalität zu einer Marke aufzubauen (vgl. Diller, 1996, S. 89; Raimondo, 2000, S. 8).

Einfluss der Markenbindung auf die Markenloyalität:

Die Markenbindung hebt eine emotionale Bindung zu einer Marke hervor. Auf Grund dieser emotionalen Bindung kann sich der Konsument stark zu einer Marke hingezogen fühlen, was eine positi-

[93] Besondere Relevanz für die Preisbereitschaft hat dabei, als Element des Markenimages, die bildliche Vorstellung der Marke. So führen klare, bildliche Vorstellungen zu einem erhöhten Preis-Premium (vgl. Geus, 2005, S. 107 f.).

ve Einstellung hervorruft. Das kann sich auf den Markenkauf oder regelmäßigen Widerkauf der Marke auswirken (vgl. Day, 1969, S. 34; Bloemer/Kasper, 1995, S. 313 f.)

Einfluss der Markeloyalität und -bindung auf Kaufabsicht und Preis-Premium:
Sowohl Markenbindung als auch Markenloyalität vereinfachen aus Konsumentensicht die Entscheidungssituation. In dem auf eine bekannte und bereits bewährte Marke zurückgegriffen wird, kann daraus eine Zeiteinsparung oder ein geringerer kognitiver Aufwand resultieren. Dadurch entfällt die Notwendigkeit eines ausführlichen Entscheidungsprozesses für eine Marke (vgl. Brand/Bungard, 1982, S. 266 f.; Geus, 2005, S. 117). Dieser Mehrwert rechtfertigt sowohl die Kaufabsicht, als auch eine höhere Preisbereitschaft, im Vergleich zu einer Konkurrenzmarke. Zudem kann auch hier von einer Verringerung des wahrgenommenen Risikos gesprochen werden. Da die bereits gewählte Marke dem Konsumenten bekannt ist, können negative Konsequenzen beim Markenkauf weitgehend vermieden werden (vgl. Geus, 2005, S. 117). Preisbereitschaft und Kaufabsicht gegenüber einer bewährten Alternative werden so gefestigt und verstärkt (vgl. Assael, 1995, 134 f.; Kroeber-Riel/Weinberg, 2003, 404-409).

An dieser Stelle ist auch das zweite, für den konzeptionellen Bezugsrahmen relevante, Modell beschrieben. Es wurden dabei sowohl die einzelnen Faktoren der wahrnehmungsbezogenen und verhaltenbedingten Wirkgrößen beschrieben, also auch ihre Beziehungsmuster untereinander. Die Möglichkeit der empirischen Überprüfung dieser theoretischen Teilerkenntnisse ist somit gegeben.

3.3 Aufbau eines konzeptionellen Bezugsrahmens

3.3.1 Graphische Übersicht und Erläuterung des konzeptionellen Bezugsrahmens

Nachdem durch den theoretischen Bezugsrahmen die theoretischen Inhalte erläutert wurden, folgt, ausgehend von diesen Erkenntnissen, die Ableitung eines konzeptionellen Bezugsrahmens. Dieser ist grundlegend für die darauf aufbauenden Analysen und erfüllt die Rolle eins „Bindegliedes" zwischen Theorie und Empirie. „Ein konzeptioneller Bezugsrahmen dient der Systematisierung, Ordnung und geistigen Durchdringung der den jeweiligen Untersuchungsbereich charakterisierenden Ursachen, Gestaltungen und Wirkungen, aber auch der Erleichterung der Kommunikation der erfolgten Forschungsbemühungen und -ergebnisse (...)", dabei handelt es sich grundsätzlich um eine „(...) graphische Wiedergabe bzw. Anordnung von mehreren theoretischen Konstrukten oder Variablen bzw. den sie umschreibenden Begriffen" (Wolf, 2008, S. 37).

Im Allgemeinen besteht der für diese Arbeit entwickelte konzeptionelle Bezugsrahmen aus zwei Teilen, die jeweils in Anlehnung an dem Modell von Buß oder Geus konzipiert wurden. Der **erste Teil** der nachfolgenden Grafik bildet die zu messende Tradition ab. Diese wurde in die jeweiligen Traditionsbestandteile (in Anlehnung an das Buß-Modell) operationalisiert. Der einzige Unterschied hierbei ist, dass nicht mehr nach Traditionseigenschaften und -werten unterschieden wird, die die Traditionsstärke messen, sondern dass diese zum Konstrukt Tradition verdichtet werden. Sowohl Eigenschaften als auch Werte der Tradition werden als Bestandteile der Tradition verstanden, die diese operationalisieren. Diese Bestandteile beschreiben somit die unterschiedlichen Facetten des hypothetischen Konstruktes „Tradition".

Der **zweite Teil** der Abbildung besteht aus dem bereits erläuterten Modell von Geus.[94] Hierbei ist jedoch es nicht das Ziel dieses Modell nachzustellen. Vielmehr wird das Wirkungsmodell und seine Zusammenhänge durch die Traditionsaspekte ergänzt und erweitert. Es soll aufgezeigt werden, welche Einflüsse die Tradition auf die jeweiligen Verhaltensaspekte ausübt.

Zusammengefasst beschreibt der konzeptionelle Bezugsrahmen aus welchen Bestandteilen die Tradition besteht und welche Auswirkungen oder Wirkungsbezüge von ihr auf verhaltenswissenschaftliche Aspekte ausgehen. Dabei kann die Tradition sich **direkt oder indirekt** auf das Konsumentenverhalten auswirken. Direkt wirkt sie über einen unmittelbaren Bezug z.B. die Wirkung H1, H2, H5 (vgl. Abbildung 10). Hingegen kann von einem indirekten Bezug (z.B. der Einfluss der Tradition auf die Markenzufriedenheit über der Markenimage) gesprochen werden, wenn bspw. ermittelt werden kann, dass die Tradition auf das Image wirkt und wiederum das Image Auswirkungen auf die Markenzufriedenheit hat (H2 wirkt zusätzlich über die Kombination H1-H8).

Die nachfolgende Abbildung stellt den konzeptionellen Bezugsrahmen graphisch dar:

[94] Auf die Untersuchung des Einflusses der Tradition auf die Markenbekanntheit wird verzichtet. Gründe dafür sind, dass zum einen folgende Untersuchungen an Nutzern der Marke VWN durchgeführt werden, bei denen Markenbekanntheit somit vorausgesetzt werden kann und zum anderen soll vor allem der in Abschnitt 2.1.2.2 erläutere, theoretische Zusammenhang der Tradition auf das Markenimage Kern des Interesses sein.

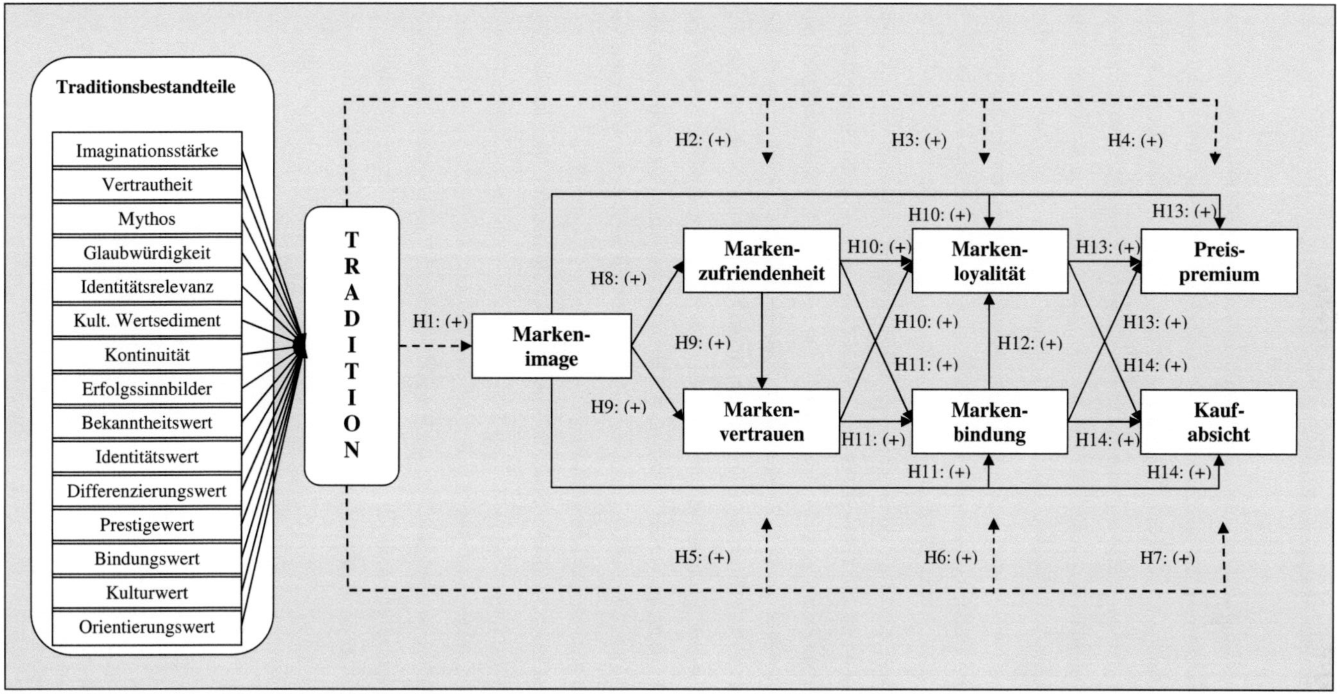

Abbildung 10: Darstellung des konzeptionellen Bezugsrahmens
Quelle: Eigene Darstellung in Anlehnung an Buß, 2007, S. 81; Geus, 2005, S. 120

3.3.2 Operationalisierung der zu untersuchenden Variablen

3.3.2.1 Operationalisierung der Markentradition

Eines der in der Einleitung aufgeworfenen Kernziele dieser Arbeit betrifft die Frage wie das Konstrukt Markentradition messbar gemacht werden kann und wie diese zur weiteren Analyse Verwendung findet. Voraussetzung einer empirischen Überprüfung ist dabei eine geeignete Operationalisierung der Untersuchungsvariablen. Betrachtet man in diesem Zusammenhang die **Operationalisierungsmöglichkeit der Tradition** sowie geeignete Mess- und Skalenniveaus, so stößt man in der Literatur schnell an Grenzen. Zwar sind durch Modelle wie die von Urde et al., 2007 und Buß, 2007, die unterschiedlichen Facetten der Tradition bekannt, jedoch fehlt es an notwendigen Einzelindikatoren (Items), die die Tradition quantitativ näher bestimmen (vgl. Wiedmann et al., 2008, S. 35).

Um dennoch das Operationalisierungziel der Tradition zu erreichen sowie eine quantitative Analyse dieser möglich zu machen, wurde mit Hilfe geeigneter Kreativitätstechniken[95] nach entsprechenden Umsetzungsmöglichkeiten qualitativ gesucht. Mit einem Team bestehend aus fachkundigen Ökonomen, Experten des Markenmanagements, Wissenschaftlichen Mitarbeitern aus dem Bereich Marketing und Praktikern aus der Marktforschung wurde nach möglichen Items gesucht, die eine zielführende Operationalisierungsmöglichkeit versprechen. Dabei wurde in einem ersten Schritt nach Ideen gesucht, die dann im weiteren Verlauf kontinuierlich evaluiert und selektiert wurden. Um die Faktoren möglichst robust zu halten und um gleichzeitig diese möglichst umfassend zu beschreiben, wurden pro Traditionsfaktor mind. drei Items entwickelt.

Eine Auflistung dieser Faktoren (Traditionsbestandteile wie Imaginationsstärke, Vertrautheit, Mythos, usw.) mit den zugehörigen Items ist im Anhang (vgl. Anhang 1) vorzufinden. Eine notwendige Überprüfung auf Anwendbarkeit und Güte dieser Items wird in Abschnitt 3.3.2.1 vorgenommen. Wie zudem aus der Abbildung zu entnehmen ist, werden schließlich die Traditionsbestandteile weiterhin verdichtet. Das daraus resultierende Ergebnis ist der Faktor Tradition (Faktor 2. Ordnung[96]), mit dem die jeweiligen Einflüsse auf verhaltensbezogene Größen untersucht werden.

[95] Kreativitätstechniken, wie die hier verwendeten Brainstorming- und Brainwriting-Technik, sind Methoden, um problemlösende Ideen zu generieren und zu entwickeln (vgl. Nöllke, 2006, S. 53).

[96] Dieser Faktor ist ein übergeordneter und aus den Traditionsbestandteilen aggregierter Faktor. Zur Vereinfachung wird dieser im Folgenden Faktor 2. Ordnung genannt.

3.3.2.2 Operationalisierung der verhaltenswissenschaftlichen Größen

Im Gegensatz zu dem Konstrukt der Markentradition ist die Messbarkeit von den Verhaltensgrößen in der Wissenschaft vielfach validiert und auf ihre Güte hin überprüft worden (vgl. Geus, 2005, S. 165-167).[97] Im Folgenden wird jeweils ein kurzer Überblick über die verwendete Operationalisierung gegeben. Die Überprüfung der Güte dieser Skalen wird in Abschnitt 3.3.2.2 vorgenommen.

Operationalisierung des Markenimages:
Wichtige Bestandteile zu Operationalisierung des Markenimages sind die Einstellung eines Probanden zur Marke (vgl. Trommsdorff, 2002, S. 172), die wahrgenommene Qualität der Marke (vgl. Aaker, 1992, S. 108-112.; Low/Lamb, 2000) sowie die der Marke entgegengebrachte Sympathie (vgl. Esch et al., 2002, S. 474). Daher wurden zur Messung die Fragen „Ich finde die Marke VWN sehr gut", Ich schätze die Qualität der Marke VWN als sehr gut ein" und „Ich finde die Marke VWN sehr sympathisch" erhoben.

Operationalisierung des Markenvertrauens:
Das Markenvertrauen wurde ebenfalls mit Hilfe von drei Skalen abgefragt. Dabei wurde die Bestimmung des Markenvertrauens („Ich vertraue der Marke VWN sehr") und der Grad mit dem sich der Proband auf die Marke verlässt („Ich verlasse mich sehr auf die Marke VWN") abgefragt. Zudem wurde gemessen inwieweit die Marke, aus Sicht des Befragten, ihr Versprechen hält („Die Marke VWN hält stets ihre Versprechen") (vgl. Chaudhuri/Holbrook, 2001, S. 87; Esch et al., 2002, S. 478).

Operationalisierung der Markenzufriedenheit:
Entsprechend des Konfirmation/Diskonfirmation-Paradigmas wurden zur Erhebung der Markenzufriedenheit zwei Fragen gestellt. Zum einen „Ich bin mit der Marke VWN sehr zufrieden" und zum anderen „Die Marke VWN erfüllt meine Erwartungen voll und ganz" (vgl. Selnes, 1993, S. 26; Esch/Billen, 1994, S. 415; Bloemer/Kasper, 1995, S. 317).

Operationalisierung der Markenloyalität:
Um die Markenloyalität als Verhaltensdimension zu bestimmen, wurde zunächst die Regelmäßigkeit des Markenkaufs abgefragt („Ich kaufe die Marke VWN regelmäßig"). Da jedoch im Vergleich zu z.B. Nahrungsmitteln von „Regelmäßigkeit" beim Kauf von Nutzfahrzeugen nur bedingt gespro-

[97] Die bereits validierten Skalen wurden lediglich leicht verändert, indem der ursprüngliche allgemeine Bezug zu einer Marke durch die Marke Volkswagen Nutzfahrzeuge (VWN) ersetzt wurde.

chen werden kann, wurde zusätzlich die Verwendungshäufigkeit („Ich verwende die Marke VWN sehr häufig") und die Einschätzung der Probanden hinsichtlich ihrer Treue („Ich bin der Marke VWN sehr treu") abgefragt (vgl. Jacoby/Chestnut, 1978, S. 33; Chaudhuri/Holbrook, 2001, S. 88).

Operationalisierung der Markenbindung:
Bei dieser Messung wurden insgesamt vier Items untersucht. Dabei wurde die Bindung zur Marke, das Bedauern falls die Marke nicht mehr vorhanden wäre, die Weiterempfehlungsabsicht und die Testbereitschaft neuer Produkte der Marke, bestimmt (vgl. Krafft, 1999, S. 521; Esch et al., 2002, S. 478). Entsprechend lauten die Fragen „Als VWN Fahrer habe ich nicht vor beim nächsten Kauf die Marke zu wechseln", „Ich würde es sehr bedauern, wenn die Marke VWN nicht mehr vorhanden wäre, „Ich würde die Marke VWN an meine Freunde weiterempfehlen" und „Wenn es von der Marke VWN noch andere Produkte gäbe, würde ich sie bei Gelegenheit testen".

Operationalisierung der Kaufabsicht:
Die Kaufabsicht wurde direkt mit Hilfe einer Single Item Messung vollzogen (vgl. Kuß/Tomczak, 2000, S. 104-107). Sie wurde durch die Frage „Ich habe die Absicht, in Zukunft die Marke VWN zu kaufen" erhoben.

Operationalisierung des Preispremiums:
Zur Messung des Preispremiums wurde einerseits die allgemeine Preisbereitschaft und andererseits die grundsätzliche Aufpreisbereitschaft für die Marke erhoben (vgl. Geus, 2005, S. 167 f.). Gemessen wurden diese durch die Fragen „Ich bin bereit, für ein Produkt der Marke VWN mehr zu bezahlen als für ein durchschnittliches Produkt" sowie „Ein Produkt der Marke VWN ist einen Aufpreis im Vergleich zu anderen Produkten wert".

3.3.3 Ableitung der zu überprüfenden Hypothesen

Nachdem nun eine ausführliche theoretische Fundierung im Rahmen der Traditionsdiskussion sowie der verhaltenswissenschaftlichen Wirkgrößen der Markenführung vorgenommen wurde, folgt nun eine Ableitung der zu überprüfenden Hypothesen.

Betrachtet man nochmals die Abbildung des konzeptionellen Bezugsrahmens (vgl. Abbildung 10), so ist festzustellen, dass die Operationalisierung der Tradition[98] eine Schlüsselrolle für das folgende Hypothesengerüst darstellt. Erst nach Konzeption des Faktors Tradition geben die Pfeile den Rückschluss auf vermutete Beziehungen und Wirkungsrichtungen wieder. Dabei sind grundlegend zwei Wirkungsmöglichkeiten der Tradition denkbar. Zum einen direkt und zum anderen indirekt. **H1 – H7** vermutet einen direkten Einfluss der Tradition auf die jeweiligen verhaltenswissenschaftlichen Größen. Die Hypothesen **H8 – H14** lassen wiederum zwei Untersuchungsbereiche entstehen. Zum einen gilt es zu überprüfen, ob das bereits theoretisch erklärte Beziehungsgeflecht von wahrnehmungs- und verhaltensbedingten Wirkgrößen auch mit Hilfe der verwendeten Daten zur Volkswagen Nutzfahrzeuge festzustellen ist. Zum anderen, sollte dies der Fall sein, kann von einem indirekten Wirken der Tradition gesprochen werden. Zur Verdeutlichung nochmals das o.g. Beispiel: Wird die H1 (direkter Einfluss der Tradition auf das Markenimage) vorläufig bestätigt und kann auch H8 (Wirkung des Markenimage auf die Markenzufriedenheit) nicht abgelehnt werden, kann so von einem indirekten Wirken der Tradition auf die Markenzufriedenheit (über das Markenimage) gesprochen werden.

Da die inhaltliche Basis sowie die theoretische Fundierung bereits erläutert wurde, wird im Folgenden lediglich eine kurze Auflistung[99] der Untersuchungshypothesen vorgenommen. Jede Hypothese bezieht sich dabei auf die Wirkung der zu untersuchenden Marke Volkswagen Nutzfahrzeuge:

H1: Die Markentradition wirkt positiv auf das Markenimage.
Wie in Abschnitt 2.1.2.2 erläutert, wirkt die Markentradition auf die Markenidentität, welche ihrerseits, über die wechselseitige Beziehung von Selbst- und Fremdbild, das Markenimage beeinflusst.

H2: Die Markentradition wirkt positiv auf die Markenzufriedenheit.
Als Beispiel für diese Beziehung lässt sich u.a. die besprochene Kontinuität einer Traditionsmarke nennen. Aufgrund langfristiger Erfahrungen und kontinuierlicher, positiver Erfüllung von Erwartungen, kann dieser Zusammenhang erklärt werden.

---

[98] Auf Grund der besonderen Bedeutung hinsichtlich der Operationalisierungsmöglichkeit der Tradition wird diese Untersuchung nicht als eigenständige Hypothese angesehen. Die Frage, ob es gelingt die Markentradition messbar zu machen, wird separat in Abschnitt 3.3.2.1 vorgenommen.

[99] Da die theoretische Basis bereits hinreichend erläutert wurde, wird nach jeder Hypothese nur eine kurze Begründung des vermuteten Zusammenhangs vollzogen. Diese Begründung erfüllt dabei keineswegs den Anspruch auf Vollständigkeit, sondern soll lediglich zum besseren Verständnis und zur Gedächtnisunterstützung dienen. Für eine ausführliche Beschreibung der Zusammenhänge vgl. die jeweils vorweg vorgenommenen, theoretischen Fundierungen.

H3: Die Markentradition wirkt positiv auf die Markenloyalität.

Analog zur Begründung von H2 ist Markenloyalität u.a durch die langfristigen, positiven Erfahrungen mit einer Traditionsmarke zu erklären. Dieses lässt eine erhöhte Loyalität gegenüber dieser Marke vermuten.

H4: Die Markentradition wirkt positiv auf das Preispremium.

Nicht zuletzt durch ihre Orientierungs- und Differenzierungsfunktion schaffen Traditionsmarken einen Mehrwert für Konsumenten, der sich in geringere Such- und Informationskosten sowie geringerem wahrgenommenen Kaufrisiko niederschlägt. Es wird vermutet, dass dies eine erhöhte Preisbereitschaft zur Folge hat.

H5: Die Markentradition wirkt positiv auf das Markenvertrauen.

Aufgrund der jahrelangen Expertise in Form von Konstanz und Durchsetzungsfähigkeit einer Traditionsmarke, generieren solche Marken eine erhöhte Glaubwürdigkeit. Diese spiegelt sich in höherem Vertrauen wider.

H6: Die Markentradition wirkt positiv auf die Markenbindung.

Insbesondere die Ausführungen von Buß heben die Auswirkungen der Tradition auf die Kundenbindung hervor. Durch eine erhöhte Identifikation mit der Traditionsmarke wird auch eine emotionale Beziehung mit der Marke geschaffen, die in Markenbindung münden kann.

H7: Die Markentradition wirkt positiv auf die Kaufabsicht.

Wie in Abschnitt 3.2.2.2 beschrieben, ist die Kaufabsicht stark abhängig von der Einstellung des Konsumenten zu der Marke. Da, wie erläutert, eine Traditionsmarke in der Lage sein kann diese Einstellung positiv zu beeinflussen, kann auch von einer Wirkung auf das Kaufvorhaben gesprochen werden.

H8: Das Markenimage beeinflusst die Markenzufriedenheit positiv.

Das Image einer Marke hat Auswirkungen auf die Erwartungshaltung und beeinflusst so die Zufriedenheit. Dabei wird ein positiver Zusammenhang vermutet.

H9: Das Markenimage und die Markenzufriedenheit beeinflussen das Markenvertrauen positiv.

Die Gedächtnisstruktur bzw. die Einstellung zu der Marke (ausgehend vom Markenimage) sowie die kontinuierliche, positive Erfahrung und Erfüllung der Erwartung (Markenzufriedenheit) wirken sich positiv auf das Vertrauen aus.

H10: Das Markenimage, die Markenzufriedenheit sowie das Markenvertrauen beeinflussen die Markenloyalität positiv.

Die inhaltliche Begründung zur H9, ergänzt durch eine komplexitätsreduzierende Wirkung durch das Markenvertrauen kann zu einem loyalen Verhalten seitens des Konsumenten führen. Die Wirkung wird als positiv vermutet.

H11: Das Markenimage, die Markenzufriedenheit sowie das Markenvertrauen beeinflussen die Markenbindung positiv.

In ähnlicher Weise wie die Wirkungsbeziehungen auf die Markenloyalität, wird eine positive Beeinflussung der Markenbindung vermutet. Insbesondere dann, wenn von einem gefühlsmäßigen Einfluss gesprochen werden kann.

H12: Die Markenbindung beeinflusst die Markenloyalität positiv.

Es wird angenommen, dass insbesondere eine emotionale Verbundenheit zu einer Marke, zu einem wiederholten Kaufverhalten führen kann.

H13: Das Markenimage, die Markenloyalität sowie die Markenbindung beeinflussen das Preispremium positiv.

Eine alt bekannte und bewährte Marke mit positivem Image, die über längere Zeit die Bedürfnisse des Konsumenten erfüllen konnte, stiftet den Konsumenten einen Zusatznutzen in Form von geringem kognitiven Aufwand sowie Zeitersparnis beim Entscheidungsprozess. Dieser Zusatznutzen erhöht die Zahlungsbereitschaft.

H14: Das Markenimage, die Markenloyalität sowie die Markenbindung beeinflussen die Kaufabsicht positiv.

Der Begründung aus H13 Folge leistend, wird eine positive Beeinflussung der Kaufsabsicht vermutet. Aufgrund dieses Zusatznutzens kann auch das Kaufvorhaben gestärkt werden.

Nachdem nun sowohl die Abbildung 10, als auch die verwendete Operationalisierung der Variablen und die Ableitung der Untersuchungsvariablen erläutet worden sind, ist an dieser Stelle auch der konzeptionelle Bezugsrahmen vollständig beschrieben.
Somit ist die Vorarbeit für die folgenden quantitativen Analysen beendet.

4 Empirische Auswertungen - Markentradition als Einflussgröße des Konsumentenverhaltens

4.1 Allgemeine Ausführungen hinsichtlich des Forschungsdesigns

4.1.1 Zielsetzung der Studie

Neben den folgenden, allgemeinen Ausführungen hinsichtlich der methodischen Vorgehensweise, Aufbau des Fragebogens und verwendeten Analyseverfahren, soll sich dieser Abschnitt einer Fokussierung der empirischen Zielsetzung widmen.
Wie aus den theoretischen Erläuterungen hervorging ist, das Konstrukt Markentradition von enormer Bedeutung für das Markenmanagement und kann einen positiven Einfluss auf das Konsumentenverhalten ausüben. Dennoch fehlt es an geeigneten Operationalisierungsmöglichkeiten, um diese theoretisch fundierten Wirkungsbezüge tatsächlich zu messen. Die erste Kernaufgabe der empirischen Auswertung ist somit eine Überprüfung, ob die erläuterten Überlegungen im Rahmen des konzeptionellen Bezugsrahmens tatsächlich nachgewiesen werden können und ob eine Operationalisierungsmöglichkeit des Konstruktes Markentradition gegeben ist. Des Weiteren ist es Aufgabe, die erläuteten Modellzusammenhänge und Wirkungsbezüge empirisch zu analysieren. In diesem Zusammenhang werden entlang des Hypothesengerüstes die angenommenen Beziehungen einer Untersuchung unterzogen. Die Zielsetzung hierbei ist die Auswirkung der Tradition (direkt oder indirekt) auf das Konsumentenverhalten nachzuweisen.

Konkret werden sich die Untersuchungen auf die Marke Volkswagen Nutzfahrzeuge (VWN) beziehen. Es ist also zu klären, ob sich die spezielle Traditionswahrnehmung der Marke VWN messen lässt und inwiefern die Tradition von VWN Auswirkung auf das Konsumentenverhalten hat.
Der direkte **Bezug zu Volkswagen Nutzfahrzeuge** eröffnet dabei eine weitere und etwas speziellere Zielsetzung. Insbesondere da die Tradition u.a aus Aspekten wie Bekanntheit, Bindung und Vertrautheit besteht, ist anzunehmen, dass die Traditionswahrnehmung (sowie ihre Auswirkung) zwischen bestimmten Gruppen variieren kann. Daher wird für einige Analysen der Traditionsaspekt

gruppenspezifisch untersucht und anschließend ein Vergleich dieser Gruppen vorgenommen. Die Gruppen sind dabei „Nutzer“[100], „Mitfahrer“[101] und die Gruppe mit „keinem Produktkontakt“[102].

4.1.2 Methode der Datenerhebung

Um die in Kapitel 3 dargestellten Hypothesen und Zusammenhänge einer geeigneten Untersuchung zu unterziehen, fand im Juni 2009 eine empirische Erhebung statt.
In diesem Kontext wurde als Datenerhebungsmethode[103] eine **quantitativ-orientierte Onlinebefragung** durchgeführt. Im Gegensatz zu einer qualitativen Erhebungsmethode[104], sind bei der Quantitativen die Fragen überwiegend geschlossen und standardisiert, so dass die Antworten auch bei einem großen Stichprobenumfang mit einander verglichen werden können (vgl. Hermann/Homburg, 2000, S. 27). Dabei gilt es zu beachten, dass der Stichprobenumfang repräsentativ ist, d.h. dass die Ergebnisse der Stichprobe stellvertretend für die Grundgesamtheit gelten und ein möglichst getreues Abbild dieser darstellen können (vgl. Kromrey, 2006, S. 108 f.; Böker, 2007, S. 256).
Um den Anforderungen der angesprochenen Repräsentanz Rechnung zu tragen, ging die Onlineerhebung über eine Family & Friends Befragung hinaus. Da der praktische Fokus dieser Arbeit sich an der Wahrnehmung der Marke Volkswagen Nutzfahrzeuge orientiert, lag die Herausforderung darin, hinreichend viele Probanden zu befragen, die auch tatsächlich Nutzer dieser Marke sind. Zu diesem Zweck fand die Erhebung, neben der Nutzung von Freundes-, Bekannten- und Studentenverteilern, insbesondere in Onlineforen statt, die einen starken Bezug zur Marke VWN oder deren Produkte aufwiesen.[105] Insgesamt konnte durch dieses Vorgehen eine hinreichend große Stichprobe gezogen werden: 1672 Probanden haben die Onlinebefragung begonnen und 658 Probanden die Umfrage tatsächlich zu Ende geführt.[106]

---

[100] Dazu gehören Probanden, die mind. einmal ein Produkt der Marke VWN selbst gefahren sind.
[101] Dazu gehören Probanden, die zwar ein Produkt der Marke VWN noch nicht selbst gefahren sind, jedoch schon einmal mitfuhren.
[102] Die Probanden, die weder schon einmal ein Produkt der Marke VWN selbst gefahren sind, noch die Möglichkeit hatten mitzufahren, machen die Gruppe „kein Produktkontakt“ aus.
[103] Für eine Übersicht verschiedener Datenerhebungsmethoden vgl. Berekoven et al., 2006, S. 93-194; Meffert, 2000, S. 152-164.
[104] Zu den qualitativen Erhebungsmethoden gehören z. B. Interviews oder Gruppendiskussionen (vgl. Homburg/Krohmer, 2003, S. 195).
[105] Eine Auflistung der verwendeten Onlineforen befindet sich im Anhang (vgl. Anhang 2).
[106] Aufgrund dieses recht großen Stichprobenumfangs wird dieser als hinrechend erachtet, den Repräsentanzanforderungen gerecht zu werden.

4.1.3 Aufbau des Fragebogens

Im folgenden Abschnitt soll ein kurzer Überblick über den Fragebogenaufbau gegeben werden. Für ein verbessertes Verständnis befindet sich eine komplette Darstellung des Onlinefragebogens im Anhang (vgl. Anhang 3).

Nach einer kurzen Einleitung und Erläuterung der Zielsetzung und des Rahmens der Umfrage, wurden relevante Kurzinformationen über die Marke VWN vorgestellt. Dabei wurden sowohl die Marke VWN als auch ihre Produkte (z.B. Transporter) den Probanden u.a. auch bildlich vor Augen geführt. Anschließend wurden insbesondere die Bekanntheit der Marke und der jeweilige Bezug zu Marke (Nutzer, Mitfahrer oder kein Produktkontakt) abgefragt. Im Anschluss daran wurden insbesondre drei Hauptblöcke abgefragt. Der erste Block bezieht sich auf Fragen über die allgemeine Wahrnehmung traditioneller Aspekte der Marke VWN[107]. Der zweite Block deckt allgemeine Fragen bezüglich der Konsumentenwahrnehmung und -verhalten[108] ab und der dritte Block bezieht sich auf die jeweiligen Soziodemografika der Probanden. Um keine verzerrende Wirkung auf das Ergebnis zu erzielen, wurden neben Wortlaut, Art und Form der Fragestellungen darauf geachtet bestimmte Reihenfolgeeffekte bei der Befragung auszuschließen (vgl. Kotler/Bliemel, 1999, S. 201 f.). Daher wurde die Reihenfolge der Fragestellung randomisiert, also per Zufallsmechanismus abgefragt.

Um die jeweilige Merkmalsausprägung bzw. individuelle Wahrnehmung zu messen und um eine entsprechende Zuordnung zu ermöglichen, werden geeignete Messskalen benötigt (vgl. Herrmann/Homburg, 2000, S. 21). Um eine direkte Selbsteinschätzung zu ermöglichen, wurde als Skalierungsverfahren[109] eine Rating-Skala gewählt. Dabei wurde insbesondere die standardisierte und fünffach gestufte Likert-Skala (1 = „stimme gar nicht zu“ bis 5 „stimme voll und ganz zu“) verwendet. Sie ist in der Lage die positive bzw. negative Einstellung der Probanden bezüglich der gestellten Frage zu messen und gehört in der Empire zu einer der am häufigsten verwendeten Skalen (vgl. Schnell et al., 2005, S. 187 f.).

[107] Zum ersten Block gehören insgesamt 55 Fragen, die die Traditionsfaktoren operationaliseren.

[108] Zum zweiten Block gehören insgesamt 18 Fragen, die die wahrnehmungs- und verhaltensbezogenen Wirkgrößen operationalisieren.

[109] Für einen Überblick über verschiedene Skalierungsverfahren vgl. Böhler, 2004, S. 106-130.

4.1.4 Theorie und Übersicht der angewandten Analyseverfahren

Ziel dieses Abschnittes ist es, die für die Analyse des Datenmaterials angewandten Methoden grundlegend zu erläutern.[110] Die einzelnen Rechenprozesse wurden computergestützt durchgeführt. Dabei wurde auf das in der Praxis weit verbreite Programmsystem SPSS[111] (Version 16) zurückgegriffen. Dieses Programm ist in der Lage, je nach Tiefe und Komplexität der Informationsgenerierung, sowohl **uni-** und **bivariate**, als auch **multivariate Verfahren** durchzuführen.

Nicht nur in der Marktforschungspraxis, sondern auch im Rahmen dieser Arbeit, stellen uni- und bivariate Verfahren eine Methode zur Datenanalyse dar. Wie es sich sinngemäß erahnen lässt, werden bei den univariaten Verfahren die Merkmalsausprägungen von nur einer Variablen analysiert. Hierunter fällt beispielsweise die Ermittlung von absoluten oder relativen Häufigkeiten einer Ausprägung. Bei den bivariaten Verfahren wird hingegen die Beziehung zwischen zwei Variablen analysiert. Als Beispiele sind Kreuztabellen oder Korrelationsanalysen zu nennen. (vgl. Homburg/Krohmer, 2006, S. 327-335). Als Nachteil der beiden Verfahren ist jedoch zu erwähnen, dass in der Praxis häufig komplexere Phänomene untersucht und interpretiert werden müssen. Den Anforderungen die daraus entstehen, werden die uni- und bivariaten Verfahren nicht gerecht. Vielmehr muss eine Vielzahl von Variablen und deren Beziehungen untersucht werden, was eine multivariate Analyse erforderlich macht (vgl. Homburg/Kohmer, 2006, S. 357). Mit diesen Verfahren können Datensätze tiefergehend analysiert werden, um so weiterreichende Informationen zu erhalten und Beziehungen festzustellen.

Allgemein wird bei mulitvariaten Analysen zwischen strukturprüfenden und strukturentdeckenden Verfahren unterschieden. Zur ersten Gruppe zählen u.a. die Regressionsanalyse oder die Varianzanalyse, welche hauptsächlich das Ziel verfolgen Zusammenhänge zwischen den Variablen zu überprüfen. Das vorrangige Ziel der zweiten Gruppe, zu der z.B. die Faktoren- und Clusteranalyse gehört, ist hingegen die Entdeckung von Zusammenhängen (vgl. Backhaus et al, 2008, S. 11).

Für die Auswertungen der vorliegenden Studie werden hauptsächlich Korrelations-, Regressions-, Varianz- und Faktorenanalysen durchgeführt. Auf diese wird im Folgenden kurz eingegangen.

Die **Korrelationsanalyse** misst die Stärke eines möglichen linearen Zusammenhangs zwischen zwei Variablen. Es wird dabei untersucht inwieweit eine Änderung einer Variablen mit der Änderung einer anderen Variablen verbunden ist. Das Maß zur Analyse ist der Korrelationskoeffizient.

[110] Für eine ausführliche Darstellung verschiedener uni-, bi, und multivariater Verfahren vgl. Backhaus et al., 2008; Fahrmeier et al., 2007; Marinell, 1995.

[111] Die Statistiksoftware SPSS ist sowohl in der Wissenschaft, als auch in der Praxis, für rechnerische Durchführung von Analysen, weit verbreitet. Der Name SPSS stand früher für Statistical Package for Social Science und wird heute entweder als Statistical Product and Service Solution oder als Superior Performing Software System interpretiert (vgl. Backhaus et al., 2008, S. 20).

Dieser ist auf den Bereich -1 bis +1 beschränkt, wobei positive Werte einen gleichgerichteten Zusammenhang aufweisen (je größer x, desto größer y) und negative Werte einen gegenläufigen Zusammenhang (je kleiner x, desto größer y). Je stärker der Wert gegen +1 (bzw. -1) strebt, desto stärker ist dabei die Korrelation. Werte nahe Null (Unkorreliertheit) weisen lediglich einen schwachen oder keinen Zusammenhang auf. Die Güte der Messung bzw. des linearen Zusammenhangs wird über das Signifikanzniveau bestimmt (vgl. Herrmann et al., 2007, S. 483 f.; Homburg/Krohmer, 2006, S. 333 f.).

Die **Regressionsanalyse**[112] baut auf den Korrelationsanalysen auf. Ausgehend von bestimmten Hypothesen (vgl. hierzu das Hypothesengerüst aus Abschnitt 3.3.1) werden lineare Beziehungen zwischen den abhängigen und unabhängigen Variablen untersucht. Mit Hilfe der Methode der kleinsten Quadrate wird eine Regressionsgleichung geschätzt, die eine Kausalbeziehung (Ursache-Wirkungs-Beziehung) zwischen der zu erklärenden, abhängigen Variable und der erklärenden, unabhängigen Variablen aufdeckt (vgl. Bachhaus et al., 2008, S. 52-63). Es geht insbesondere darum, die Koeffizienten der Gleichung:

$$Y= A + B_1 \bullet X_1 + B_2 \bullet X_2 + \ldots + B_n \bullet X_n$$

zu schätzen. Hierbei werden die unabhängigen Variablen mit X, die abhängige Variable mit Y, die jeweiligen Regressionskoeffizienten mit B und eine Konstante mit A bezeichnet (vgl. Bühl/Zöfer, 2005, S. 333 f.). Zur Prüfung auf Güte[113] der Regressionsfunktion wird im Folgenden insbesondere auf das Bestimmtheitsmaß (R^2), auf die F-Statistik und den T-Wert eingegangen. Das Bestimmtheitsmaß misst zum einen die Güte der Anpassung der Regressionsfunktion und beschreibt zum anderen die erklärte Gesamtvarianz der zu überprüfenden Variablen. Die F-Statistik gibt Aussage darüber, ob die ermittelte Regressionsfunktion lediglich für die geprüfte Stichprobe zulässig ist oder Rückschlüsse auf die Grundgesamtheit zulässt. Der T-Wert hingegen gibt an, ob die geprüfte Beziehung zwischen abhängiger und unabhängiger Variable signifikant[114] ist (vgl. Backhaus et al., 2008, S. 67-79; Brosius, 2002, S. 530-536).

[112] Im weiteren Verlauf werden sowohl einfache, als auch multiple lineare Regressionen verwendet. Wird die Analyse der abhängigen Variable (zu erklärenden Variable) mit nur einer unabhängigen Variable durchgeführt, handelt es sich um eine einfache lineare Regression. Wird jedoch eine abhängige Variable durch eine Matrix aus mehreren unabhängigen Variablen erklärt, wird von einer multiplen Regression gesprochen (vgl. Marinell, 1995, S. 113).

[113] Neben den Gütekriterien sind auch bestimmte Vorrausetzungen zu beachten und unverzichtbar. Die wichtigsten Vorraussetzungen sind, allgemeiner linearer Zusammenhang, keine exakte lineare Abhängigkeit zwischen den unabhängigen Variablen (Multikollinearität), Normalverteilung der Residualgrößen, gleiche Varianz für Residualgrößen (Heteroskedastizität) und Unkorreliertheit der Residuen (Autokorrelation) (vgl. Backhaus et al., 2008, S. 79-90; Skiera/Albers, 2000, S. 216-223). Die Berücksichtigung bzw. Annahmen über diese Vorraussetzungen werden im Rahmen der Auswertung getroffen.

[114] Sofern nichts anderes angegeben ist, wird bei der Regressionsanalyse ein Signifikanzniveau von 0,05 gewählt.

Die **Varianzanalyse** bzw. einfaktorielle ANOVA (Analysis of variance) dient als multivariates Analyseverfahren zur Überprüfung von Mittelwerten von Variablen bezüglich unabhängiger Stichproben (Hier die Gruppen: Nutzer, Mitfahrer und kein Produktkontakt). Sie überprüft somit die Hypothese, dass die Mittelwerte von ausgewählten Variablen in verschiedenen Fallgruppen in der Grundgesamtheit gleich groß sind. Neben einer Gegenüberstellung dieser Mittelwerte werden zudem Mittelwertdifferenzen gebildet, um zu vergleichen, ob zwischen den betrachteten Gruppen signifikante Unterschiede bezüglich ihrer Werte identifiziert werden können. Sollte das Ergebnis ein signifikanter Unterschied der Mittelwerte sein, kann der Rückschluss erfolgen, dass dieser Unterschied zwischen den Gruppen tatsächlich besteht und charakteristisch ist. Die Hypothese wird abgelehnt (vgl. Brosius, 1998, S. 479). Auch hier wird im Folgenden der Rückschluss über die Güte der Unterschiede über das Signifikanzniveau stattfinden.

Das letzte verwendete multivariate Analyseverfahren ist die **Faktorenanalyse**. Allgemein dient die Faktorenanalyse der Datenreduktion, indem sie versucht eine große Anzahl von Variablen auf wenige unabhängige Einflussgrößen (Faktoren) zu reduzieren. Es werden dabei die Variablen zu einem Faktor zusammengefasst, die eine starke Korrelation aufweisen, wohingegen Variablen aus verschiedenen Faktoren gering untereinander korrelieren. Es wird dabei das Ziel verfolgt, solche Faktoren zu ermitteln, die möglichst vollständig den beobachteten Zusammenhang der gegebenen Variablen erklären und so eine Komplexitätsreduktion durch Merkmalsverdichtung ermöglichen (vgl. Bühl/Zöfer, 2005, S. 465). Grundlegend kann dabei zwischen zwei Varianten unterschieden werden: die exploratorische und die konfirmatorische Faktorenanalyse. Bei der exploratorischen Faktorenanalyse werden a priori weder die Zahl der Faktoren, noch die Zuordnung von Variablen zu den Faktoren vorgegeben (vgl. Homburg/Krohmer, 2006, S. 359). Die konfirmatorische Faktorenanalyse hingegen stellt ein hypothesentestendes Verfahren dar, bei der eine vermutete und vorgegebene Faktorenstruktur hinsichtlich Konsistenz und Erklärungspotential getestet wird (vgl. Reinecke, 2005, S. 134 f.).[115]

Für die Faktoranalyse und die folgenden Auswertungen sind insbesondere vier **Gütemaße** besonders relevant. Das Cronbach´sche Alpha, die erklärte Gesamtvarianz, der KMO-Wert und die Signifikanz nach Bartlett. Das **Cronbach´sche Alpha** gibt Aufschluss über die Reliabilität der Skalen. Es gibt somit an, ob wiederholte Messungen zuverlässig dieselben Ergebnisse liefern (Böhler, 2004, S. 111). Es beurteilt die Konsistenz der Skalen und gibt an, wie gut eine Anzahl von Items den Faktor misst. Es kann dabei die Werte von null bis eins annehmen, wobei gilt, je höher der Wert desto besser die Messung (vgl. Bühl, 2006, S. 477). Da der Wert u.a. von der Itemanzahl beeinflusst werden kann, ist eine klare Akzeptanzgrenze schwer zu definieren. Dennoch sind Werte ab 0,5 akzep-

[115] Da im Rahmen der Auswertung sowohl die Anzahl der Items die verdichtet werden sollen, als auch die Faktorstruktur vorgegeben wird, wird für diese Arbeit eine konfirmatorische Faktorenanalyse verwendet (im Folgenden nur Faktoranalyse genannt).

tabel, wobei für konsistente Skalen ein Wert von mind. 0,7 ideal ist (vgl. Pallant, 2006, S. 90; Pospeschill, 2005, S. 195, Eckstein, 2006, S. 299).

Neben einem entsprechenden Cronbach´schen Alpha ist bei der Faktorbildung auf eine hinreichend große **Gesamtvarianz** zu achten bzw. anzustreben. Dieser Wert gibt an, zu welchem Grad die Gesamtvarianz erklärt werden kann und inwieweit die zugeordneten Indikatoren den Faktor beschreiben. Hierbei wird gefordert, dass mindestens 50% der Varianz erklärt werden können (vgl. Homburg/Giering, 1996, S. 16; Schmidt, 2008, S. 139).

Der **KMO-Wert**[116]**,** der einen Wert zwischen null und eins annehmen kann, ist eine weitere Prüfgröße für die Ausdruckskraft eines Faktors und ob eine Analyse sinnvoll erscheint. Da die Basisüberlegung ist, dass zwischen den Items und dem Faktor eine hohe Korrelation besteht, ist diese Beziehung umso enger, je höher dieser Wert ist (vgl. Eckey et al., 2002, S. 15-20). Der Wert kann wie folgt beurteilt werden:

KMO-Wert	Bewertung	Übersetzung
$\geq$ 0,9	marvelous	Erstaunlich
$\geq$ 0,8	meritorious	Verdienstvoll
$\geq$ 0,7	middling	ziemlich gut
$\geq$ 0,6	mediocre	Mittelmäßig
$\geq$ 0,5	miserable	Kläglich
< 0,5	unacceptable	Untragbar

Tabelle 5: Beurteilung des KMO-Wertes
Quelle: Eigene Darstellung in Anlehnung an Kaiser/Rice, 1974, S. 35; Backhaus et al., 2008, S. 336

Das vierte Gütemaß, die **Signifikanz nach Bartlett**, testet die Hypothese, dass die Variablen in der Grundgesamtheit (aus der die Stichprobe stammt) unkorreliert sind. Um von einem Zusammenhang der Variablen auszugehen, sollte dieser Wert idealerweise null oder möglichst gering sein (vgl. Dziuban/Shirkey, 1974, S. 358-361; Brosius, 2006, S. 769).

An dieser Stelle sind die allgemeinen Ausführungen hinsichtlich des Forschungsdesigns vollständig beschrieben, so dass in den folgenden Abschnitten die jeweiligen Analysen vorgenommen werden können.

[116] Der KMO-Wert (Kaiser-Meyer-Olkin-Wert) wird auch MSA-Kriterium (measure of sampling adequacy-Kriterium) genannt (vgl. Backhaus et al., 2008, S. 336).

4.2 Beschreibung der Stichprobe

Die vorliegende Studie umfasst eine Anzahl von 658 Probanden. Das Durchschnittsalter der Stichprobe liegt bei 29,76 Jahren, wobei die Teilnehmer zur besseren Übersicht in fünf **Altersklassen**[117] eingeteilt wurden. Dabei bilden die unter 25-jährigen die erste Gruppe mit einer Anzahl von 251 Teilnehmern und einem Anteil von 38,1%. Gefolgt von den 25 bis unter 30-järigen die mit 260 Befragten (39,5%) die größte Gruppe darstellen. Die 35 bis unter 45-jährigen stellen mit 69 Probanden (10,5%) die dritte Gruppe und die 45 bis unter 55-jährigen mit 56 Befragten (8,5%) die vierte Gruppe dar. Die letzte Gruppe (älter als 55 Jahre) ist mit 22 Teilnehmern (3,3%) vertreten.
Bezüglich der **Geschlechterverteilung** innerhalb der Studienpopulation ergibt sich folgendes Bild: Aufgrund des anzunehmenden höheren Interesses von Männern am Thema Nutzfahrzeuge, ist auch die Anzahl der männlichen Teilnehmer deutlich dominierend. So sind 454 (69%) Teilnehmer männlich und lediglich 202 (30,7%) weiblich.[118]
Die **Bildungsstruktur**[119] ergibt, dass über 254 Befragte (38,6%) das Abitur erreicht haben und sogar 267 (40,6%) einen akademischen Abschluss besitzen. Somit ist das Bildungsniveau der vorliegenden Stichprobe als hoch einzuschätzen.
Beachtet man die **aktuellen Tätigkeiten**[120], so sind die beiden dominierenden Merkmalsausprägungen, Vollzeit berufstätig, mit einer Anzahl von 238 Befragten (36,2%) und Studenten, mit einer Anzahl von 346 (52,6%), hervorzuheben.[121]

Insbesondere da die Markentradition der Marke Volkswagen Nutzfahrzeuge (VWN) gemessen werden soll, wurden die Probanden bezüglich ihres eigenen **Traditionsbewusstseins**, der **Bekanntheit der Marke VWN** und ihrer persönlichen Einschätzung, ob es sich bei der Marke VWN um eine besonders **traditionsreiche Marke** handelt, befragt. Dabei ergab sich folgendes Bild: Die Marke VWN ist bei den Teilnehmern als sehr bekannt einzustufen und auch die Wahrnehmung ihrer Tradition ist hoch. So stimmen 159 (24,2%) der Teilnehmer eher zu und 422 (64,1%) Teilnehmer voll und ganz zu die Marke VWN sehr gut zu kennen.[122] Ähnlich deutlich gaben 226 (34,3%) Probanden an, dass sie eher zustimmen und 270 (41%) Probanden, dass sie voll und ganz zustimmen, dass

---

[117] Vgl. für eine Übersicht über die Altersklassen sowie deren graphische Verteilung Anhang 4 und Anhang 5.

[118] Zwei Teilnehmer (0,3 %) haben keine Angabe bezüglich ihres Geschlechts gemacht vgl. Anhang 6.

[119] Für eine komplette Übersicht über die Häufigkeitsverteilung des Bildungsniveaus vgl. Anhang 7.

[120] Für eine komplette Übersicht über die Häufigkeitsverteilung der Tätigkeit vgl. Anhang 8.

[121] Des Weiteren lässt sich die vorliegende Stichprobe nach Einkommen, Familienstand, Finanzstatus und berufliche Stellung charakterisieren. Für eine Übersicht über die genannten Merkmalsausprägungen vgl. Anhang A9 – A12.

[122] Für eine komplette Übersicht über die Häufigkeitsverteilung der Markenbekanntheit vgl. Anhang 13.

VWN eine besonders traditionsreiche Marke ist.[123] Folgerichtig sind somit auch die Mittelwerte recht hoch. So liegt dieser bei der Markenbekanntheit bei 4,43 und bei der Einschätzung, dass VWN eine besonders traditionsreiche Marke ist bei 4,04.
Das eigene Traditionsbewusstsein wurde mit Hilfe eines semantischen Differenzials in Form einer 7er-Skaler (1 = überhaupt nicht traditionsbewusst bis 7 = sehr Traditionsbewusst) gemessen. Die Ausprägungen auf die Frage „Bitte geben Sie an, inwieweit Sie traditionsbewusst sind" lassen den Schluss auf eine eher traditionsbewusste Studienpopulation zu. So liegt der Mittelwert bei 4,75 und 402 (61,1%) Probanden stufen sich, in unterschiedlicher Stärke, als traditionsbewusst ein.[124]

Die letzte Charakterisierung der Stichprobe betrifft die Stärke der Nutzungsausprägung von Produkten der Marke VWN. Diese ist insbesondere für den zu analysierenden **Gruppenvergleich** (Nutzer, Mitfahrer und kein Produktkontakt) wichtig. Wie aus der hohen Bekanntheit der Marke VWN geschlossen werden kann, ist auch der Produktkontakt sehr hoch. So bilden die Nutzer die mit Abstand größte Gruppe. 458 Teilnehmer (69,6%) gaben an mindestens einmal ein Produkt der Marke VWN selbst gefahren zu sein. 151 Probanden (22,9%) sind zwar noch nie selbst gefahren, waren jedoch zumindest einmal Mitfahrer. Lediglich 49 Befragte (7,4%) hatten noch nie einen Produktkontakt, d.h. sie sind weder ein VWN-Produkt gefahren, noch waren sie jemals Mitfahrer.

4.3 Operationalisierung der Markentradition sowie der Konstrukte des Konsumentenverhaltens

4.3.1 Operationalisierung der Traditionsbestandteile

Wie u.a. aus der Einleitung hervorgeht, ist eines der Kernziele quantitativ zu untersuchen, ob das Konstrukt Tradition überhaupt operationalisierbar ist. Theoretisch wurde das zwar anhand des Buß-Modells bestätigt, jedoch fehlt es noch an einer **empirischen Überprüfung**. Wie bereits beschrieben, wurden den einzelnen Traditionsbestandteilen Items zugeordnet, die in der Lage sein sollen, diese zu beschreiben (vgl. Anhang 1). Ob das jedoch tatsächlich der Fall ist, soll im Folgenden bestimmt werden. Diese Untersuchung findet anhand einer Faktorenanalyse statt, bei der überprüft wird, ob die generierten Items wirklich in der Lage sind, die jeweiligen Traditionsbestandteile zu beschreiben. Mit Hilfe der erläuterten Gütemaße kann dann ein Rückschluss darüber erfolgen, ob die konfirmatorischen Überlegungen bestätigt oder abgelehnt werden können.

[123] Für eine komplette Übersicht über die Häufigkeitsverteilung der Traditionswahrnehmung der Marke VWN vgl. Anhang 14.
[124] Für eine komplette Übersicht über die Häufigkeitsverteilung sowie eine Abbildung über die Verteilung des eigenen Traditionsbewusstseins vgl. Anhang 15 und Anhang 16.

Für die SPSS-unterstützte **Verdichtung der Items** zu den entsprechen Faktoren wurde konfirmatorisch vorgegeben, dass jeweils nur ein Faktor zu extrahieren ist[125]. Im Anschluss daran können dann die Faktoren auf ihre Güte hin überprüft werden.

In diesem Zusammenhang ist es wichtig anzumerken, dass die Dimensionsreduktion gruppenspezifisch vorgenommen wurde. Um im späteren Verlauf der Analysen Gruppenunterschiede zu ermitteln, müssen auch die Faktoren den jeweiligen Gruppencharakteristika angepasst werden. Zu diesem Zeck wurde zwar jeweils nur ein Faktor pro Traditionsbestandteil extrahiert, jedoch erfolgte die Berechnung der einzelnen Werte innerhalb dieses Faktors gruppenspezifisch.[126]

Die nachfolgende Tabelle zeigt die einzelnen Traditionsbestandteile (Faktoren), die dahinter stehenden Items[127] und die gruppenspezifischen Gütekriterien:

Faktor	Items	Gruppe	KMO-Wert	CA (α)	% der Varianz	Sign. Bartlett
Imaginationsstärke	v_36 - v_38	Nutzer	0,639	0,709	63,284	0,000
		Mitfahrer	0,671	0,723	65,191	0,000
		Kein Produktkontakt	0,620	0,723	64,613	0,000
Vertrautheit	v_39 - v_41	Nutzer	0,700	0,800	72,346	0,000
		Mitfahrer	0,654	0,730	64,992	0,000
		Kein Produktkontakt	0,644	0,781	70,202	0,000
Mythos	v_42 - v_45	Nutzer	0,802	0,832	66,772	0,000
		Mitfahrer	0,642	0,671	51,139	0,000
		Kein Produktkontakt	0,681	0,784	61,371	0,000
Glaubwürdigkeit	v_58 - v_60	Nutzer	0,758	0,918	85,913	0,000
		Mitfahrer	0,748	0,897	83,242	0,000
		Kein Produktkontakt	0,758	0,906	84,969	0,000
Bekanntheitswert	v_61 - v_64	Nutzer	0,812	0,843	68,939	0,000
		Mitfahrer	0,793	0,813	65,312	0,000
		Kein Produktkontakt	0,795	0,864	71,476	0,000
Identitätswert	v_65 - v_67	Nutzer	0,719	0,819	73,785	0,000
		Mitfahrer	0,649	0,715	64,008	0,000
		Kein Produktkontakt	0,642	0,713	63,512	0,000
Identitätsrelevanz	v_79 - v_83	Nutzer	0,843	0,890	69,644	0,000
		Mitfahrer	0,857	0,889	69,598	0,000
		Kein Produktkontakt	0,820	0,828	62,464	0,000
Differenzierungswert	v_ 84 - v_86	Nutzer	0,706	0,836	75,337	0,000
		Mitfahrer	0,686	0,798	71,360	0,000
		Kein Produktkontakt	0,655	0,751	67,158	0,000

[125] Für die Korrelationsmatrix wurde die Hauptkomponenten-Methode verwendet. Dabei wurde vorgegeben, dass die Eigenwerte größer als 1 sein müssen und für die Rotation wurde die Varimax-Methode verwendet.

[126] Mit Hilfe der jeweiligen Komponentenmatrix wurden die einzelnen Items mit deren gruppenspezifischer Ladung auf den Faktor multipliziert und ins Verhältnis mit der entsprechenden Gesamtladung auf den Faktor gesetzt. Durch diese Umrechnung ist für weitere Analysen auch eine bessere Interpretierbarkeit gegeben. Auch hier sind eine 1 als „stimme überhaupt nicht zu" und eine 5 als „stimme voll und ganz zu" zu interpretieren. Diese Berechnungsweise wurde für alle Faktoren angewandt.

[127] Zu Besseren Übersicht wurden lediglich die Variablenkürzel (z.B. v_44) verwendet. Für eine Zuordnung des Kürzels zum dahinter stehenden Item vgl. Anhang 1.

		Nutzer	0,816	0,879	73,576	0,000
Prestige	v_87 - v_90	Mitfahrer	0,784	0,834	67,456	0,000
		Kein Produktkontakt	0,790	0,888	74,964	0,000
		Nutzer	0,791	0,848	68,988	0,000
Kontinuität	v_103 - v_106	Mitfahrer	0,791	0,842	68,288	0,000
		Kein Produktkontakt	0,722	0,815	64,668	0,000
		Nutzer	0,683	0,822	73,755	0,000
Erfolgssinn-bilder	v_107 - v_109	Mitfahrer	0,692	0,772	68,973	0,000
		Kein Produktkontakt	0,625	0,783	69,753	0,000
		Nutzer	0,758	0,930	87,772	0,000
Bindungs-wert	v_110 - v_112	Mitfahrer	0,730	0,905	84,253	0,000
		Kein Produktkontakt	0,694	0,779	69,572	0,000
		Nutzer	0,730	0,817	64,681	0,000
Orientierungs-wert	v_113 - v_116	Mitfahrer	0,756	0,786	61,540	0,000
		Kein Produktkontakt	0,680	0,805	63,160	0,000
		Nutzer	0,828	0,864	65,059	0,000
Kulturelles Wert-sediment	v_128 - v_132	Mitfahrer	0,735	0,778	53,563	0,000
		Kein Produktkontakt	0,765	0,812	58,007	0,000
		Nutzer	0,831	0,894	76,008	0,000
Kulturwert	v_133 - v_136	Mitfahrer	0,802	0,867	71,696	0,000
		Kein Produktkontakt	0,784	0,857	70,595	0,000

Tabelle 6: Operationalisierung der Traditionsbestandteile und deren Gütemaße
Quelle: Eigene Darstellung

Wie die Tabelle zeigt, waren die im Vorfeld durchgeführten konfirmtorischen Überlegungen zu Operationalisierung erfolgreich. Die Gütemaße beweisen, dass die ermittelten Items durchaus in der Lage sind, die jeweiligen Traditionsbestandteile zu beschreiben. Der KMO-Wert variiert zwar teilweise recht stark, jedoch liegt er in keinem Fall unter 0,620, so dass der Faktor hinreichend gut beschreiben ist. Sowohl das Cronbach´sche Alpha[128], mit fast immer idealen Werten weit über 0,7, als auch der stets geforderte erklärte Varianzanteil von über 50% konnten erreicht werden. Und auch die Signifikanz nach Bartlett ist bei jedem Faktor und jeder Gruppe gegeben.

Zwischenfazit:

Aus den o.g. Ausführungen kann so Rückschluss auf eine erste zentrale Erkenntnis gewonnen werden. Die ermittelten Items sind in der Lage die einzelnen Traditionsbestandteile zu beschreiben und somit kann auch empirisch nachgewiesen werden, dass eine Operationalisierung der Markentradition nach dem Modell von Buß gelungen ist.

[128] Im Rahmen der Auswertung wurde für jeden Faktor geprüft, ob das Cronbach´sche Alpha durch Löschen einiger Items deutlich erhöht werden kann. Dies war nicht der Fall.

4.3.2 Verdichtung der Traditionsbestandteile zum Faktor Tradition

Nachdem nun die einzelnen Bestandteile der Tradition erfolgreich analysiert und operationalisiert wurden, gehen die Untersuchungen weiter mit der Verdichtung der Traditionsbestandteile zum einzelnen **Konstrukt Markentradition**. Wie aus dem konzeptionellen Bezugsrahmen zu entnehmen ist, ist es nicht die Kernaufgabe die Auswirkungen der Traditionsbestandteile auf das Konsumentenverhalten zu messen. Vielmehr steht im Vordergrund den direkten und indirekten Einfluss des Faktors Markentradition zu untersuchen. Zu diesem Zweck werden die bereits generierten Traditionsbestandteile zu einem weiteren Faktor (ein übergeordneter und aggregierter Faktor 2. Ordnung) zusammengefasst[129]. Dieser Faktor wird dann für weitere Analysen als das Konstrukt Markentradition verstanden.

Die nachstehende Tabelle verdeutlicht diese Verdichtung:

Faktor 2. Ordnung	Faktoren 1. Ordnung	Gruppe	KMO-Wert	CA (α)	% der Varianz	Sign. Bartlett
Markentradition	15 Bestandteile der Marken-tradition	Nutzer	0,940	0,957	63,682	0,000
		Mitfahrer	0,901	0,941	55,833	0,000
		Kein Produktkontakt	0,875	0,942	56,261	0,000

Tabelle 7: Operationalisierung der Markentradition und deren Gütemaße
Quelle: Eigene Darstellung

Auch bei der Dimensionsreduktion zum Faktor Markentradition kann von einer erfolgreichen Operationalisierung gesprochen werden. Alle Gütemaße liegen über den geforderten Grenzwerten. Dabei ist der KMO-Wert bei den Gruppen Nutzer und Mitfahrer sogar als „erstaunlich" zu deuten. Es kann somit der Schluss erfolgen, dass die 15 Traditionsbestandteile erfolgreich verdichtet werden konnten und die Markentradition beschreiben.

Auch weitere Analysen bestätigen einen Zusammenhang zwischen den Faktoren 1. Ordnung und dem Faktor 2. Ordnung. So wurden im Rahmen der Auswertungen mehrfach Korrelationsanalysen durchgeführt, welche den Zusammenhang zwischen Traditionsbestandteile und Markentradition bestätigen. Das Ergebnis dieser Analyse ist, dass jeder Bestandteil recht stark und positiv mit der Markentradition korreliert und dass diese Korrelation (2-seitig) signifikant ist.[130]

[129] Das Vorgehen bei der Faktorenbildung 2. Ordnung ist dabei das Gleiche, wie bei der Bildung der Traditionsbestandteile und wird daher nicht näher erläutert.

[130] Dieses Ergebnis wird jedoch nicht weiter vertieft. Aufgrund der inhaltlichen Nähe wird dieses Ergebnis eher als Exkurs angesehen, der den Zusammenhang und die Verdichtung der Traditionsbestandteile zur Markentradition untermauern soll.

4.3.3 Operationalisierung der wahrnehmungsbezogenen und verhaltensbedingten Wirkgrößen

Bevor nun der Einfluss der Markentradition von VWN auf das Konsumentenverhalten analysiert wird, werden auch die wahrnehmungsbezogenen und verhaltensbedingten Faktoren[131] bezüglich ihrer empirischen **Operationalisieungsmöglichkeit** überprüft. Analog zu den vorherigen Abschnitten wird dies anhand der Gütemaße festgemacht:

Faktor	Items	Gruppe	KMO-Wert	CA (α)	% der Varianz	Sign. Bartlett
Image	v_155 - v_157	Nutzer	0,710	0,855	77,582	0,000
		Mitfahrer	0,660	0,789	70,397	0,000
		Kein Produktkontakt	0,578	0,750	67,537	0,000
Zufrieden-heit	v_158 - v_159	Nutzer	0,500	0,885	89,724	0,000
		Mitfahrer	0,500	0,821	84,790	0,000
		Kein Produktkontakt	0,500	0,820	85,150	0,000
Vertrauen	v_160 - v_162	Nutzer	0,713	0,858	78,163	0,000
		Mitfahrer	0,635	0,762	68,704	0,000
		Kein Produktkontakt	0,692	0,757	68,467	0,000
Loyalität	v_163, v_169 - v_170	Nutzer	0,723	0,862	78,434	0,000
		Mitfahrer	0,614	0,795	71,231	0,000
		Kein Produktkontakt	0,650	0,776	72,579	0,000
Bindung	v_171 - v_174	Nutzer	0,749	0,812	65,021	0,000
		Mitfahrer	0,767	0,801	63,378	0,000
		Kein Produktkontakt	0,726	0,814	65,406	0,000
Kaufabsicht	v_175	Nutzer	Single-Item, daher keine Faktorenwerte			
		Mitfahrer				
		Kein Produktkontakt				
Preis-Premium	v_176 - v_177	Nutzer	0,500	0,913	92,035	0,000
		Mitfahrer	0,500	0,917	92,355	0,000
		Kein Produktkontakt	0,500	0,887	90,124	0,000

Tabelle 8: Operationalisierung der Konsumentenverhaltenskonstrukte und deren Gütemaße
Quelle: Eigene Darstellung

Die Tabelle zeigt, dass auch diese Items in der Lage sind die Konsumentenverhaltens-Faktoren zu beschreiben. Die erklärte Varianz ist zum Teil außerordentlich hoch, die CA-Werte sind über alle Faktoren hinweg sehr gut und auch die Signifikanz ist gegeben. Betrachtet man die KMO-Werte, liegen diese überwiegend um 0,7 und sind somit hinreichend groß.

Die KMO-Werte von 0,5 bei den Faktoren Zufriedenheit und Preis-Premium haben hingegen keine Aussagekraft. Bei einem Faktor mit nur zwei Items wird ein Wert von 0,5 regelmäßig errechnet (vgl. Havenstein, 2004, S. 289).

[131] Auch hier wurden die Faktoren unter Berücksichtigung der gruppenspezifischen Eigenschaften gebildet und jeweils in den Bereich 1 (stimme gar nicht zu) bis 5 (stimme voll und ganz zu) umgewandelt

Zusammenfassend konnten alle Items, sowohl aus dem Bereich Tradition, als auch aus dem Bereich des Konsumentenverhaltens, hinreichend gut zu Faktoren verdichtet werden. So ist es möglich, im Folgenden, weitergehende Analysen vorzunehmen. Es kann davon ausgegangen werden, dass aufbauende Ergebnisse valide sind und dass Folgeuntersuchungen das messen, was sie tatsächlich messen sollen.

4.4 Auswirkungen der Markentradition auf das Konsumentenverhalten

4.4.1 Korrelationsanalyse als erste Einschätzung

Nachdem nun in einem ersten Schritt die Items und Faktoren auf Reliabilität[132] und Validität[133] geprüft wurden, kann darauf aufbauend, in einem zweiten Schritt, die Auswirkung der Tradition auf das Konsumentenverhalten überprüft werden

Bevor jedoch die einzelnen Hypothesen regressionsanalytisch überprüft werden, soll für eine erste Einschätzung eine **Korrelationsanalyse** durchgeführt werden. Hierbei wird zum einen ermittelt, ob ein Zusammenhang zwischen dem Faktor Tradition und den Faktoren des Konsumentenverhaltens besteht. Zum anderen wird überprüft, ob die Faktoren positiv bzw. negativ korrelieren und ob dieser Zusammenhang signifikant ist.

Die folgende Tabelle zeigt die Korrelationsmatrix mit den entsprechenden Werten:

Korrelationsanalyse		**Tradition**	**Markenimage**	**Markenzufriedenheit**	**Markenvertrauen**	**Markenloyalität**	**Markenbindung**	**Kaufabsicht**	**Preispremium**
Nutzer	Tradition	1	0,810**	0,712**	0,756**	0,677**	0,781**	0,540**	0,587**
Mitfahrer	Tradition	1	0,751**	0,595**	0,671**	0,537**	0,651**	0,439**	0,520**
kein Produktkontakt	Tradition	1	0,645**	0,427**	0,531**	0,373**	0,601**	0,401**	0,561**
**. Die Korrelation nach Pearson ist auf dem Niveau von 0,01 (2-seitig) signifikant.									

Tabelle 9: **Korrelationsanalyse Tradition**
Quelle: Eigene Darstellung

[132] Unter Reliabilität ist zu verstehen, dass wiederholte Messungen, zuverlässig immer wieder dieselben Ergebnisse liefern (vgl. Böhler, 2004, S. 111).

[133] Unter der Validität wird die Gültigkeit einer Messung bzw. eines Messinstrumentes verstanden. Sie gibt den Genauigkeitsgrad einer Messung an (vgl. Pepels, 2004, S. 294).

Anhand der Korrelationsmatrix kann ein signifikanter Zusammenhang zwischen den Faktoren nachgewiesen werden. Die VWN spezifische Markentradition korreliert positiv und signifikant mit allen verhaltenswissenschaftlichen Merkmalen. Der jeweils größte Zusammenhang besteht dabei zwischen Tradition und Markenimage. Dieses Ergebnis ist aus zweierlei Hinsicht besonders relevant. Zum einen wird der in Abschnitt 2.1.2.2 beschriebene, theoretische Zusammenhang von Markentradition und Markenimage bestätigt. Zum anderen wird auch die Verortung der Tradition innerhalb des konzeptionellen Bezugsrahmens bestätigt, da auch hier eine Verbindung mit dem Markenimage als Basis weiterer Wirkgrößen angedeutet wurde.
Eine weitere relevante Erkenntnis betrifft den noch folgenden Gruppenvergleich. Wie aus der Tabelle zu entnehmen ist, sinkt der Zusammenhang bzw. der Korrelationskoeffizient von Tradition und Konsumentenverhaltensaspekt mit fallendem Produktkontakt. So ist in der Regel der Zusammenhang bei den Nutzern größer als bei den Mitfahrern und bei den Mitfahrern wiederum größer als bei der Gruppe ohne Produktkontakt. Daraus folgt eine erste Vermutung darüber, dass die Auswirkung der Tradition nicht nur von Gruppe zu Gruppe schwankt, sondern dass die Auswirkung der Tradition bei den Nutzern jeweils größer ist, als bei den Mitfahrern und der Gruppe ohne Produktkontakt.

4.4.2 Direkter Einfluss der Tradition auf verhaltenswissenschaftliche Wirkgrößen

In den folgenden Abschnitten wird der zweite zentrale Kern der Auswertung analysiert. Basierend auf dem konzeptionellen Bezugsrahmen werden regressionsanalytische Untersuchungen durchgeführt, die die aufgestellten Hypothesen überprüfen. Dabei wird zwischen direktem Einfluss der Tradition auf verhaltenswissenschaftliche Wirkgrößen (Aufgabe dieses Abschnittes) und indirektem Einfluss (vgl. Abschnitt 4.4.3) unterschieden.[134]

Exkurs: Voraussetzungen, Vorgehensweisen und Annahmen der Regressionsanalyse:
Bevor allerdings die einzelnen Untersuchungen durchgeführt werden können, ist eine Überprüfung der **Voraussetzungen** und der **Modellannahmen** einer Regressionsanalyse unabdingbar (vgl. Backhaus et al., 2008, S. 79-91). Das verwendete Programm SPSS führt zwar jederzeit eine Regression durch, jedoch kann diese, aus statistischer Sicht, ohne Überprüfung der Prämissen, zu verzerr-

[134] Aus Komplexitäts- sowie didaktischen Gründen wird bei den regressionsanalytischen Untersuchungen kein direkter Gruppenvergleich durchgeführt. Die Analysen finden über die gesamte Stichprobe statt. Dennoch sei angemerkt, dass aufgrund der gruppenspezifischen Berechnung der einzelnen Faktoren, die jeweiligen Gruppencharakteristika bei der Analyse mit einfließen.

ten Ergebnissen führen. Für eine bessere Nachvollziehbarkeit wird im Folgenden die Vorgehensweise der Prämissenüberprüfung sowie die getroffenen Annahmen erläutert. Diese werden dann für nachstehende Analysen vorausgesetzt, so dass auf die einzelnen Bedingungen im Rahmen der Hypothesenüberprüfung nicht mehr eingegangen wird. Eine ausführlichere Darstellung der Prämissenüberprüfung befindet sich im Anhang (vgl. Anhang 17 – Anhang 30).

Voraussetzung und Vorgehensweise[135] (vgl. Backhaus, 2008, S. 79-91; Brosius, 2002, 529-578; Skiera/Albers, 2000, S. 203-236; Geus, 2005, S. 173-179; Fahrmeir, 2007, S. 475-503; Janssen/Laatz, 2007, S. 415-455):

Eine der wesentlichen Voraussetzungen ist, dass keine exakte lineare Abhängigkeit der unabhängigen Variablen **(Multikollinearität)** vorliegt. Ein erster Hinweis liefert dabei die Korrelationsanalyse. Sehr hohe Korrelationswerte (nahe +1 oder -1) weisen auf Multikollinearität hin.[136] Des Weiteren wurden Kollinearitätsdiagnosen erstellt.[137] Das Ergebnis ist, dass auf keine Multikollinearität geschlossen werden kann.

Zusätzlich ist die Voraussetzung zu überprüfen, dass die **Residualgrößen normalverteilt** sind. Ist das nicht der Fall wird die Schätzung verfälscht. Mit Hilfe des Kolmogorov-Smirnov-Test und der Ausgabe des Normalverteilungsdiagramms kann jedoch auch diese Voraussetzung angenommen werden. Des Weiteren ist die Prüfung auf **Autokorrelation** (Unkorreliertheit der der Residuen) unabdingbar. Für die Prüfung wurden die Durbin-Watson-Statistiken betrachtet. Da die meisten Fälle Werte nahe 2 annehmen, wird die Annahme getroffen, dass die Residualgrößen unkorreliert sind. Weiterhin ist eine wichtige Annahme, dass die Varianz der Residualgrößen gleich ist bzw. dass das Abweichen vom tatsächlichen Wert konstant ist **(Prüfung auf Heteroskedastizität).** Zur Überprüfung wurde eine direkte Betrachtung des Streudiagramms der Residuen gewählt. In den meisten Fällen wurde kein deutlicher Zusammenhang zwischen standardisierten Residuen und standardisierten geschätzten Werten festgestellt. Die Streuung der Punkte um eine gedachte Nulllinie ist relativ ausgeglichen. So wird auch diese Vorraussetzung als erfüllt angenommen. Die letzte Voraussetzung ist die **Linearitätsannahme** zwischen abhängiger und unabhängiger Variable. Eine lineare Schätzung von einem nicht linearen Zusammenhang würde das Ergebnis verfälschen. Im Vorfeld der Untersuchungen wurde jedoch weitestgehend, anhand des Streudiagramms zwischen abhängiger und unabhängiger Variable, ein linearer Zusammenhang festgestellt und für weitere Analysen angenommen.

---

[135] Die Überprüfung wurde jeweils für jede einzelne Hypothesen erstellt.

[136] Im vorliegenden Fall liegen die Werte meist zwischen 0,5 und 0,8, was auf keine Multikollinearität hindeutet.

[137] Zu Überprüfung wurden aus der Kollinearitätsdiagnose die Toleranzwerte und der Konditionsindex herangezogen. Da die Toleranzwerte über 0,1 liegen und der Konditionsindex unter 30 liegt, wird auf keine Multikollinearität geschlossen.

Zusammenfassend kann für den weiteren Verlauf dieser Arbeit festgehalten werden, dass aufgrund der erläuterten Voraussetzungsprüfungen, diese als erfüllt angesehen werden können und so eine Regressionsanalyse möglich erscheint.[138]

Nach dem die vorbereitenden Prüfungen erläutert wurden, können nun die **regressionsanalytischen Untersuchungen** folgen. Diese werden anhand des Hypothesengerüstes (H1-H7) durchgeführt. Dabei werden für eine bessere Überschaubarkeit lediglich ausgewählte Werte dargestellt. Ausführlichere Abbildungen weiterer Werte, die die jeweiligen Modelle beschreiben, befinden sich im Anhang (vgl. Anhang 17 – Anhang 30).

H1: Die Markentradition wirkt positiv auf das Markenimage.

Koeffizienten[a]							
		Nicht standardisierte Koeffizienten		Standardisierte Koeffizienten			
Modell		B	Standardfehler	Beta	T	Signifikanz	R^2
1	(Konstante)	0,527	0,094		5,606	0,000	**0,641**
	Tradition	**0,943**	0,028	0,801	34,227	**0,000**	
a. Abhängige Variable: Markenimage, F-Wert: 1171,477, Signifikanz (F-Wert): **0,000**							

Tabelle 10: **Einfluss Tradition auf Markenimage**
Quelle: Eigene Darstellung

Der positive Einfluss der Markentradition auf das Markenimage kann mit Hilfe der einfachen Regressionsanalyse nachgewiesen werden.[139] Ca. 64% der Varianz des Markenimages gehen auf die Tradition zurück (R^2=0,641). Der Einfluss ist zudem positiv und signifikant. H1 wird somit nicht abgelehnt.

H2: Die Markentradition wirkt positiv auf die Markenzufriedenheit.

Koeffizienten[a]							
		Nicht standardisierte Koeffizienten		Standardisierte Koeffizienten			
Modell		B	Standardfehler	Beta	T	Signifikanz	R^2
1	(Konstante)	0,423	0,12		3,531	0,000	**0,498**
	Tradition	**0,896**	0,035	0,706	25,502	**0,000**	
a. Abhängige Variable: Markenzufriedenheit, F-Wert: 650,354, Signifikanz (F-Wert): **0,000**							

Tabelle 11: **Einfluss Tradition auf Markenzufriedenheit**
Quelle: Eigene Darstellung

Es kann gezeigt werden, dass die Tradition einen positiven und signifikanten Einfluss auf die Markenzufriedenheit ausübt. H1 kann vorläufig bestätigt werden.

[138] Dieses gilt sowohl für die Analyse der direkten Auswirkung der Tradition auf das Konsumentenverhalten, als auch für die indirekte Auswirkung.

[139] Für ein besseres Verständnis wird exemplarisch die Schätzgleichung aufgestellt: Markenimage = 0,527 (Konstante) + 0,943 * Tradition.

H3: Die Markentradition wirkt positiv auf die Markenloyalität.

Koeffizienten[a]							
Modell		Nicht standardisierte Koeffizienten		Standardisierte Koeffizienten	T	Signifikanz	R²
		B	Standardfehler	Beta			
1	(Konstante)	-1,245	0,16		-7,772	0,000	**0,467**
	Tradition	**1,125**	0,047	0,683	23,908	**0,000**	
a. Abhängige Variable: Markenloyalität, F-Wert: 571,614, Signifikant (F-Wert): **0,000**							

Tabelle 12: Einfluss Tradition auf Markenloyalität
Quelle: Eigene Darstellung

Auch H3 kann nicht abgelehnt werden. Der Einfluss der Tradition auf die Markenloyalität ist sowohl positiv als auch signifikant.

H4: Die Markentradition wirkt positiv auf das Preispremium.

Koeffizienten[a]							
Modell		Nicht standardisierte Koeffizienten		Standardisierte Koeffizienten	T	Signifikanz	R²
		B	Standardfehler	Beta			
1	(Konstante)	-0,406	0,17		-2,387	0,017	**0,357**
	Tradition	**0,950**	0,05	0,597	19,035	**0,000**	
a. Abhängige Variable: Preispremium, F-Wert: 362,317, Signifikanz (F-Wert): **0,000**							

Tabelle 13: Einfluss Tradition auf Preispremium
Quelle: Eigene Darstellung

Die Tradition hat einen positiven Einfluss auf das Preispremium, welcher signifikant ist. Das Bestimmtheitsmaß beträgt 0,357. Die Hypothese wird vorläufig bestätigt.

H5: Die Markentradition wirkt positiv auf das Markenvertrauen.

Koeffizienten[a]							
Modell		Nicht standardisierte Koeffizienten		Standardisierte Koeffizienten	T	Signifikanz	R²
		B	Standardfehler	Beta			
1	(Konstante)	0,247	0,109		2,271	0,023	**0,552**
	Tradition	**0,908**	0,032	0,743	28,441	**0,000**	
a. Abhängige Variable: Markenvertrauen, F-Wert: 808,890, Signifikanz: **0,000**							

Tabelle 14: Einfluss Tradition auf Markenvertrauen
Quelle: Eigene Darstellung

Auch hier ist aus der Tabelle ein signifikanter Einfluss zu entnehmen. Somit wird die Hypothese, dass die Markentradition auf das Vertrauen positiv wirkt, nicht abgelehnt.

H6: Die Markentradition wirkt positiv auf die Markenbindung.

Koeffizienten[a]							
		Nicht standardisierte Koeffizienten		Standardisierte Koeffizienten			
Modell		B	Standardfehler	Beta	T	Signifikanz	R^2
1	(Konstante)	0,014	0,113		0,123	0,902	**0,599**
	Tradition	**1,031**	0,033	0,774	31,068	**0,000**	
a. Abhängige Variable: Markenbindung, F-Wert: 965,221, Signifikanz (F-Wert): **0,000**							

Tabelle 15: **Einfluss Tradition auf Markenbindung**
Quelle: Eigene Darstellung

Zwar kann bei der errechneten Konstante nicht von Signifikanz gesprochen werden, jedoch erhöht die wahrgenommene Tradition die Markenbindung signifikant. H5 wird daher nicht abgelehnt.

H7: Die Markentradition wirkt positiv auf die Kaufabsicht.

Koeffizienten[a]							
		Nicht standardisierte Koeffizienten		Standardisierte Koeffizienten			
Modell		B	Standardfehler	Beta	T	Signifikanz	R^2
1	(Konstante)	-0,666	0,198		-3,355	0,001	**0,314**
	Tradition	**1,004**	0,058	0,56	17,268	**0,000**	
a. Abhängige Variable: Kaufabsicht, F-Wert: 298,172, Signifikanz (F-Wert): **0,000**							

Tabelle 16: **Einfluss Tradition auf Kaufabsicht**
Quelle: Eigene Darstellung

Auch die letzte Hypothese bezüglich der direkten Wirkung der Markentradition kann vorläufig betätigt werden. Die Tradition beeinflusst die Kaufabsicht signifikant positiv.

Zusammenfassend kann folgendes Ergebnis festgehalten werden. Die These, dass die Markentradition ein relevanter Erfolgsfaktor für die Automobilindustrie ist, kann empirisch bestätig werden. So wurde im Rahmen der Analyse der direkten Auswirkung der Markentradition von VWN auf das Konsumentenverhalten keine Hypothese verworfen. Es konnte nachgewiesen werden, dass die Markentradition sich positiv auf sowohl wahrnehmungsbezogene als auch verhaltensbedingte Größen auswirkt. Mit anderen Worten kann, bis zu einem bestimmten Grad, der Rückschluss erfolgen, dass je höher die wahrgenommene Markentradition ist, z.B. auch das Markenvertrauen, die Markenbindung oder die Kaufabsicht steigt. Der direkte Einfluss der Markentradition von VWN auf weit reichende Facetten des Konsumentenverhaltens erweckt so den Eindruck, dass sich Investitionen in das Traditionsmanagement als lohnend erweisen. Neben bestimmten verhaltenswissenschaftlichen Zielen, wie bspw. der positive Einfluss auf das Image von VWN, eröffnet sich die Möglichkeit sich den aktuellen Herausforderungen, wie z.B. Produkthomogenisierung, zu stellen und sich aus Sicht des Konsumenten zu differenzieren. Aber auch klassische ökonomische Ziele, wie eine Erhöhung von Umsatz, Netto-Deckungsbeitrag, Absatzmenge, kann durch gezieltes Traditionsmanagement erreicht werden. Durch den signifikant positiven Einfluss der Tradition auf die Kaufabsicht oder das Preis-Premium erscheint dies zumindest möglich.

4.4.3 Indirekter Einfluss der Tradition auf verhaltenswissenschaftliche Wirkgrößen

Analog zum Untersuchungshergang des direkten Traditionseinflusses auf das Konsumentenverhalten, ist das Ziel dieses Abschnittes eine **indirekte Wirkung** nachzuweisen. Sollte das Wirkungsmodell von Geus auch mit dem vorliegenden Datenmaterial über VWN für gültig erklärt werden, kann der Rückschluss erfolgen, dass die Markentradition die angesprochenen indirekten Wirkungen aufweist. Insbesondere deshalb, da die direkten Einflüsse bereits nachgewiesen wurden. Auch im Folgenden werden zur Überprüfung die jeweiligen Hypothesen einzeln untersucht.

H8: Das Markenimage beeinflusst die Markenzufriedenheit positiv.

Koeffizienten[a]							
		Nicht standardisierte Koeffizienten		Standardisierte Koeffizienten			
Modell		B	Standardfehler	Beta	T	Signifikanz	R^2
1	(Konstante)	0,268	0,097		2,774	0,006	**0,630**
	Markenimage	**0,857**	0,026	0,794	33,445	**0,000**	
a. Abhängige Variable: Markenzufriedenheit, F-Wert: 1118,547, Signifikanz: **0,000**							

Tabelle 17: **Einfluss Markenimage auf Markenzufriedenheit**
Quelle: Eigene Darstellung

Es können 63% der Markenzufriedenheit durch das Markenimage erklärt werden. Da zudem die Wirkrichtung positiv und signifikant ist, wird H8 vorläufig bestätigt. In diesem Zusammenhang wird nochmals die indirekte Beeinflussung der Tradition verdeutlicht. Die Marentradition wirkt positiv auf das Image (vgl. H1), welches wiederum die Zufriedenheit beeinflusst.[140]

H9: Das Markenimage und die Markenzufriedenheit beeinflussen das Markenvertrauen positiv.

Koeffizienten[a]							
		Nicht standardisierte Koeffizienten		Standardisierte Koeffizienten			
Modell		B	Standardfehler	Beta	T	Signifikanz	R^2
1	(Konstante)	-0,005	0,075		-0,070	0,944	**0,761**
	Markenimage	**0,508**	0,033	0,489	15,568	**0,000**	
	Markenzufriedenheit	**0,415**	0,030	0,432	13,735	**0,000**	
a. Abhängige Variable: Markenvertrauen, F-Wert: 1042,175, Signifikanz: **0,000**							

Tabelle 18: **Einfluss Markenimage und Markenzufriedenheit auf Markenvertrauen**
Quelle: Eigene Darstellung

[140] Im Rahmen einer regressionsanalytischen Untersuchung kann leider nicht bestimmt werden, wie stark eine indirekte Beeinflussung der Tradition genau ist. Daher wird lediglich die Annahme getroffen, dass generell eine indirekte Beziehung vorliegt.

Sowohl das Markenimage, als auch die Markenzufriedenheit beeinflussen das Markenvertrauen. Dieser Zusammenhang ist positiv und signifikant. Die Hypothese H9 wird nicht abgelehnt.

H10: Das Markenimage, die Markenzufriedenheit sowie das Markenvertrauen beeinflussen die Markenloyalität positiv.

Koeffizienten[a]							
		Nicht standardisierte Koeffizienten		Standardisierte Koeffizienten			
Modell		B	Standardfehler	Beta	T	Signifikanz	R^2
1	(Konstante)	-0,148	0,173		-0,855	0,393	**0,303**
	Markenimage	**0,131**	0,088	0,094	1,491	**0,136**	
	Markenzufriedenheit	**0,353**	0,079	0,273	4,480	**0,000**	
	Markenvertrauen	**0,294**	0,090	0,218	3,273	**0,001**	
a. Abhängige Variable: Markenloyalität, F-Wert: 94,410, Signifikanz: **0,000**							

Tabelle 19: Einfluss Markenimage, Markenzufriedenheit und Markenvertrauen auf Markenloyalität
Quelle: Eigene Darstellung

Die multiple Regression ergibt, dass lediglich die Markenzufriedenheit und das Markenvertrauen einen signifikanten Einfluss auf die Markenloyalität haben. Die Signifikanz des Markenimages ist jedoch nicht gegeben. Die Hypothese H10 wird daher abgelehnt.

H11: Das Markenimage, die Markenzufriedenheit sowie das Markenvertrauen beeinflussen die Markenbindung positiv.

Koeffizienten[a]							
		Nicht standardisierte Koeffizienten		Standardisierte Koeffizienten			
Modell		B	Standardfehler	Beta	T	Signifikanz	R^2
1	(Konstante)	0,275	0,109		2,530	0,012	**0,595**
	Markenimage	**0,416**	0,054	0,365	7,648	**0,000**	
	Markenzufriedenheit	**0,253**	0,049	0,239	5,147	**0,000**	
	Markenvertrauen	**0,240**	0,055	0,220	4,340	**0,000**	
a. Abhängige Variable: Markenbindung, F-Wert: 315,429, Signifikanz: **0,000**							

Tabelle 20: Einfluss Markenimage, Markenzufriedenheit und Markenvertrauen auf Markenbindung
Quelle: Eigene Darstellung

Im Gegensatz zu der Analyse zu H10 ist hier der Einfluss aller Faktoren signifikant. H11 kann somit nicht abgelehnt werden.

H12: Die Markenbindung beeinflusst die Markenloyalität positiv.

Koeffizienten[a]							
		Nicht standardisierte Koeffizienten		Standardisierte Koeffizienten			
Modell		B	Standardfehler	Beta	T	Signifikanz	R^2
1	(Konstante)	-0,494	0,126		-3,921	0,000	**0,487**
	Markenbindung	**0,868**	0,035	0,698	24,722	**0,000**	
a. Abhängige Variable: Markenloyalität, F-Wert: 611,199, Signifikanz: **0,000**							

Tabelle 21: Einfluss Markenbindung auf Markenloyalität
Quelle: Eigene Darstellung

Das Bestimmtheitsmaß R^2 nimmt den Wert 0,487 an. Der Einfluss ist positiv und signifikant. H12 kann vorläufig bestätigt werden.

H13: Das Markenimage, die Markenloyalität sowie die Markenbindung beeinflussen das Preispremium positiv.

Koeffizienten[a]							
		Nicht standardisierte Koeffizienten		Standardisierte Koeffizienten			
Modell		B	Standardfehler	Beta	T	Signifikanz	R^2
1	(Konstante)	-0,267	0,154		-1,735	0,083	**0,440**
	Markenbindung	**0,405**	0,063	0,341	6,451	**0,000**	
	Markenloyalität	**0,146**	0,040	0,153	3,699	**0,000**	
	Markenimage	**0,344**	0,059	0,253	5,820	**0,000**	
a. Abhängige Variable: Preispremium, F-Wert: 167,588, Signifikanz: **0,000**							

Tabelle 22: Einfluss Markenimage, Markenbindung und Markenloyalität auf Preispremium
Quelle: Eigene Darstellung

Die Hypothese H13 wird vorläufig bestätigt. Die Faktoren Markenimage, -bindung sowie -loyalität beeinflussen das Preispremium positiv. Die Beeinflussung wird zudem als signifikant nachgewiesen.

H14: Das Markenimage, die Markenloyalität sowie die Markenbindung beeinflussen die Kaufabsicht positiv.

Koeffizienten[a]							
		Nicht standardisierte Koeffizienten		Standardisierte Koeffizienten			
Modell		B	Standardfehler	Beta	T	Signifikanz	R^2
1	(Konstante)	0,081	0,178		0,454	0,650	**0,422**
	Markenbindung	**0,313**	0,072	0,232	4,330	**0,000**	
	Markenloyalität	**0,457**	0,046	0,422	10,034	**0,000**	
	Markenimage	**0,101**	0,068	0,065	1,480	**0,139**	
a. Abhängige Variable: Kaufabsicht, F-Wert: 155,185, Signifikanz: **0,000**							

Tabelle 23: Einfluss Markenimage, Markenbindung und Markenloyalität auf Kaufabsicht
Quelle: Eigene Darstellung

Die letzte zu überprüfende Hypothese wird abgelehnt. Zwar ist der Einfluss auf die Kaufabsicht bei allen Faktoren positiv, jedoch beim Markenimage nicht signifikant. Ein zuverlässiger Rückschluss ist somit nicht möglich.

An dieser Stelle ist auch die Analyse des indirekten Traditionseinflusses vollständig beschrieben. Hauptsächlich kristallisierten sich dabei zwei Ergebnisse heraus. Auch wenn die Hypothesen H10 und H14 aufgrund fehlender Signifikanz jeweils eines Faktors abgelehnt wurden, kann das konzipierte Wirkungsmodell doch im Wesentlichen nachempfunden werden. Es besitzt somit (teilweise) Gültigkeit für den Datensatz über VWN. Daraus ergibt sich auch die bereits angenommene indirekte Wirkung der Markentradition. Da die direkte Wirkung empirisch bewiesen wurde und auch das Wirkmodell der Markenführung im Großen und Ganzen bestätigt wurde, geht der Einfluss der Markentradition über die Beziehungen H1-H7 hinaus.

Insgesamt konnte durch regressionsanalytische Untersuchungen auch eine weitere Kernfrage dieser Arbeit beantwortet werden. Die Markentradition von VWN beeinflusst das Konsumentenverhalten positiv und kann daher als **klarer Erfolgsfaktor** interpretiert werden.

4.5 Traditions- sowie Konsumentenverhaltensaspekte im Gruppenvergleich

Nachdem nun die empirische Überprüfung der Traditionsoperationalisierung geglückt ist und auch die Auswirkung der VWN-Tradition auf das Konsumentenverhalten nachgewiesen wurde, soll abschließend ein **Gruppenvergleich**[141] durchgeführt werden. Mit Hilfe einer Varianzanalyse (einfaktorielle ANOVA)[142] sollen die Gruppen Nutzer, Mitfahrer sowie die Gruppe mit keinem Produktkontakt gegenübergestellt werden. Ziel dabei wird es sein zu ermitteln, ob gruppenseitige Unterschiede bzgl. des Konsumentenverhaltens und der Traditionswahrnehmung der Marke VWN nachgewiesen werden können. Es sei darauf hingewiesen, dass im Folgenden lediglich einige ausgewählte Ergebnisse vorgestellt werden, die exemplarisch die Gruppencharakteristika nachweisen.[143]

Im Allgemeinen wurde zunächst ein Gruppenvergleich bezüglich der wahrnehmungsbezogenen und verhaltensbedingten Wirkgrößen vollzogen. Unter alleiniger Betrachtung der Mittelwerte[144] ist dabei ein klares Ranking festzustellen. Die Mittelwerte der Nutzer sind bei allen Faktoren höher als bei den Mitfahrern, wobei die Mittelwerte der Mitfahrer wiederum jeweils höher sind als bei der Gruppe mit keinem Produktkontakt.[145]

---

[141] Vorweg ist jedoch zu erwähnen, dass die folgenden Auswertungen zwar interessante Ergebnisse vorweisen, diese jedoch mit Vorsicht zu behandeln sind. Auch wenn signifikante Unterschiede bezüglich der jeweiligen Gruppen nachzuweisen sind, müssen diese nicht zwangsläufig auf den Differenzen der Markentradition basieren. Vielmehr können andere und von der Tradition unabhängige Einflüsse das Antwortverhalten manipulieren.

[142] Zu Auswertung wird ein Post-Hoc-Mehrfachvergleich durchgeführt. Die Annahme der Varianzgleichheit wird nach Bonferroni analysiert.

[143] Für eine umfassende Darstellung aller Ergebnisse vgl. Anhang 31 – Anhang 34.

[144] Eine Übersicht über die gruppenspezifischen Mittelwerte der Konsumentenverhaltensaspekte befindet sich im Anhang (vgl. Anhang 33).

[145] Auch wenn das Ergebnis zu erwarten war, da z.B. Markenbindung oder Markenvertrauen per se einen gewissen Umgang oder Erfahrung mit der Marke voraussetzen, beweist diese Untersuchung die charakteristischen Unterschiede.

Mit Hilfe der **Varianzanalyse** kann wird dieses Resultat gestärkt. Nahezu überall ist ein signifikanter Unterschied bezüglich der Mittelwerte nachzuweisen. Dieses wird exemplarisch[146] am Markenimage verdeutlicht:

Abhängige Variable	(I) Gruppe	(J) Gruppe	Mittlere Differenz (I-J)	Standard-fehler	Signifikanz
Marken-image	Nutzer	Mitfahrer	0,27227*	0,0806	0,002
		kein Produktkontakt	0,73913*	0,1291	0,000
	Mitfahrer	Nutzer	-0,27227*	0,0806	0,002
		kein Produktkontakt	0,46686*	0,1412	0,003
	Kein Produktkontakt	Nutzer	-0,73913*	0,1291	0,000
		Mitfahrer	-0,46686*	0,1412	0,003
*. Die Differenz der Mittelwerte ist auf dem Niveau 0.05 signifikant.					

Tabelle 24: **Varianzanalyse zum Markenimage**
Quelle: Eigene Darstellung

Aus der Tabelle lässt sich entnehmen, dass der Abfall der Mittelwerte von Nutzer über Mitfahrer, hin zur Gruppe ohne Produktkontakt signifikant ist. So ist bspw. der Mittelwert des Faktors Markenimage bei den Mitfahrern signifikant um rund 0,467 höher als bei den Probanden ohne Produktkontakt.[147] Sowohl für die wahrnehmungsbezogenen, als auch für die verhaltensbedingten Wirkgrößen lässt sich dieses Ergebnis festhalten und als charakteristisch interpretieren. Daraus folgt z.B., dass Nutzer die Marke VWN positiver wahrnehmen, ihr mehr vertrauen, ihr gegenüber loyaler sind oder bereit sind einen höheren Preis zu zahlen als bspw. Probanden aus der Gruppe der Mitfahrer.

Ein ähnliches Ergebnis wird bei der analogen **Untersuchung zur Markentradition** generiert. Vergleicht man die Mittelwerte der jeweiligen Traditionswahrnehmung (Faktor Tradition)[148] ergibt sich folgendes Bild: Der Mittelwert der Gruppe Nutzer liegt bei 3,477, der Mittelwert bei der Gruppe Mitfahrer bei 3,070 und bei der Gruppe mit keinem Produktkontakt bei 2,730. Auch hier ist das Ranking zu beobachten. Im Gegensatz zu den Nutzern und Mitfahrern, gibt die Gruppe mit keinem Produktkontakt im Mittelwert sogar an, eher keiner Traditionswahrnehmung der Marke VWN zuzustimmen. Auch die Signifikanzprüfung bestätigt die Gruppenunterschiede:

[146] Eine komplette Übersicht der Varianzanalyse zu den Faktoren des Konsumentenverhaltens befindet sich im Anhang (vgl. Anhang 34).

[147] Wie bereits angesprochen, wurden die Werte der Faktoren entsprechend dem fünfer Bereich der Rating-Skala auf 1-5 normiert. Demnach entspricht ein Wert von 0,467 fast einer halben Stufe auf der Skala.

[148] Für die Traditionswahrnehmung wird der Wert 1 mit „keinerlei Zustimmung zur Traditionswahrnehmung" und der Wert 5 mit „voll und ganzer Zustimmung der Traditionswahrnehmung" interpretiert.

Abhängige Variable	(I) Gruppe	(J) Gruppe	Mittlere Differenz (I-J)	Standard-fehler	Signifikanz
Tradition	Nutzer	Mitfahrer	0,40737*	0,0668	0,000
		kein Produktkontakt	0,74727*	0,1070	0,000
	Mitfahrer	Nutzer	-0,40737*	0,0668	0,000
		kein Produktkontakt	0,33990*	0,1170	0,011
	kein Produktkontakt	Nutzer	-0,74727*	0,1070	0,000
		Mitfahrer	-0,33990*	0,1170	0,011
*. Die Differenz der Mittelwerte ist auf dem Niveau 0.05 signifikant.					

Tabelle 25: **Varianzanalyse zur Markentradition**
Quelle: Eigene Darstellung

Der Gruppenvergleich des Faktors Tradition ist jedoch nicht ganz unkritisch. Bspw. ist auch hier anzuführen, dass der Faktor Tradition u.a. aus den Bestandteilen Bekanntheitswert, Bindungswert und Vertrautheit besteht. In diesem Zusammenhang ist es erwartungsgemäß, dass Probanden die Nutzer sind und eine höhere Erfahrung mit der Marke VWN haben, diese Aspekte höher bewerten als Probanden ohne Produktkontakt. Um dennoch einen Vergleich ziehen zu können, wurden die einzelnen Bestandteile der Tradition einem Gruppenvergleich unterzogen (vgl. Anhang 31 und Anhang 32).

Insbesondere die Bestandteile die nicht zwangsläufig von einem Produktkontakt abhängig sind lassen sich eher vergleichen. Exemplarisch werden dafür die Facetten **Mythos** und **Prestige** gewählt:

Abhängige Variable	(I) Gruppe	(J) Gruppe	Mittlere Differenz (I-J)	Standard-fehler	Signifikanz
Mythos	Nutzer	Mitfahrer	0,49475*	0,0889	0,000
		kein Produktkontakt	0,98635*	0,1424	0,000
	Mitfahrer	Nutzer	-0,49475*	0,0889	0,000
		kein Produktkontakt	0,49160*	0,1558	0,005
	kein Produktkontakt	Nutzer	-0,98635*	0,1424	0,000
		Mitfahrer	-0,49160*	0,1558	0,005
Prestige	Nutzer	Mitfahrer	0,26227*	0,0754	0,002
		kein Produktkontakt	0,60657*	0,1208	0,000
	Mitfahrer	Nutzer	-0,26227*	0,0754	0,002
		kein Produktkontakt	0,34431*	0,1322	0,028
	kein Produktkontakt	Nutzer	-0,60657*	0,1208	0,000
		Mitfahrer	-0,34431*	0,1322	0,028
*. Die Differenz der Mittelwerte ist auf dem Niveau 0.05 signifikant.					

Tabelle 26: **Varianzanalyse zur ausgewählten Traditionsbestandteilen**
Quelle: Eigene Darstellung

Auch die Untersuchung der Traditionsbestandteile kommt zu einem ähnlichen Ergebnis. Die Zustimmung variiert zwischen den Gruppen nach dem bekannten Ranking. Trotz der genannten Vergleichsprobleme wird durch die separate Analyse der einzelnen Facetten der Tradition der Rückschluss gezogen, dass sich die Traditionswahrnehmung mit steigendem Produktkontakt erhöht.

Ein letzter Gruppenvergleich betrifft schließlich die **Auswirkung der Tradition** auf das Konsumentenverhalten. Aufgrund der geringeren Wahrnehmung der Markentradition im Vergleich z.B. Nutzer und Mitfahrer, kann bisher nur indirekt ein Rückschluss auf die gruppenspezifische Auswirkung auf das Konsumentenverhalten geschlossen werden. Um einen deutlicheres Ergebnis zu erhalten, bedarf es weiterführende Untersuchungen. Für diesen Zeck wurden erneut die regressionsanalytischen Untersuchungen, gruppenspezifisch, durchgeführt. Anhand des **Erklärungsgehaltes (R^2)** können dann weiter Schlussfolgerungen getroffen werden. In Betracht kommen dieses Mal nur die direkten Einflüsse (H1-H7), bei denen lediglich das jeweilige Bestimmtheitsmaß verglichen wird. Die nachfolgende Tabelle zeigt diesen Vergleich:

Bestimmtheitsmaß	Gruppe	H1	H2	H3	H4	H5	H6	H7
R^2	Nutzer	0,656	0,507	0,459	0,345	0,572	0,609	0,291
	Mitfahrer	0,565	0,354	0,288	0,270	0,450	0,424	0,192
	kein Produktkontakt	0,416	0,183	0,137	0,315	0,282	0,361	0,161
Die Auswirkung der Tradition auf H1-H7 ist jeweils mit 0,000 signifikant und positiv.								

Tabelle 27: Auswirkung der Tradition auf H1-H7 – Vergleich des Bestimmtheitsmaßes
Quelle: Eigene Darstellung

Die Tabelle zeigt, wie viel Prozent der Varianz von H1-H7 auf den Einfluss der Markentradition zurückzuführen ist. Dabei lässt sich folgendes Ergebnis generieren:

Insgesamt kann der erste Eindruck durch die Korrelationsanalyse in Abschnitt 4.4.1 bestätigt werden. Der Einfluss des Faktors Tradition ist bei den Nutzern als teilweise deutlich höher einzustufen, als bei den Nutzer oder der Gruppe ohne Produktkontakt. Aufgrund dieser Werte kann somit der Rückschluss gezogen werden, dass die Markentradition von VWN einen umso höheren Einfluss hat, desto höher der Produktkontakt ist.

Dennoch ist klar hervorzuheben, dass die Zielgruppe des Traditionsmanagement nicht nur die Nutzer sein sollte. Auch wenn die Traditionswahrnehmung und der Einfluss der Tradition auf verhaltenswissenschaftliche Größen zwischen den Gruppen variiert, ist dennoch die Auswirkung dieser für jede Gruppe sowohl positiv als auch signifikant. Kurz: Die Auswirkung der Tradition auf das Konsumentenverhalten konnte für jede Gruppe empirisch bestätigt werden.

4.6 Zusammenfassung der Ergebnisse der empirischen Untersuchung

Ziel dieses Abschnittes ist es, die ermittelten Ergebnisse zusammenzufassen. Diese sollten vornehmlich die Frage beantworten, ob das Konstrukt Markentradition messbar gemacht werden kann und welche Auswirkungen die Tradition von VWN auf das Konsumentenverhalten hat.
Das die Markentradition sich positiv auf das Konsumentenverhalten ausübt wurde bisher lediglich aus theoretischer Sicht behandelt. Um jedoch die Wirkung tatsächlich messen zu können, bedarf es einer geeigneten Operationalisierung der Tradition bzw. deren Bestandteile. Mit Hilfe verschiedener multivariater Analyseverfahren konnte im Rahmen der Auswertung dieser Nachweis erfolgen. Auf Basis einer recht großen Stichprobe konnte in einem ersten Schritt empirisch bestätigt werden, dass die im Vorfeld generierten Items in der Lage sind, die einzelnen Traditionsbestandteile aus dem Modell von Buß zu messen. Bestätigt wurde dies durch das Erreichen entsprechender Gütekriterien, wie u.a. Reliabilität und Validität der Faktoren. Da es Aufgabe war nicht nur die Traditionsbestandteile zu untersuchen, sondern auch das Konstrukt Markentradition, wurden in einem zweiten Schritt die jeweiligen Facetten der Tradition verdichtet. Auch dies gelang nachweisbar. Das erste Kernergebnis ist somit, dass die Markentradition operationalisiert werden konnte. Die Tradition der Marke VWN konnte greifbar gemacht werden und erfüllt somit die Voraussetzung, dass weiterführende Analysen folgen können.

Des Weiteren wurde die Auswirkung der Tradition auf das Konsumentenverhalten untersucht. Entlang des zuvor aufgestellten Hypothesengerüstes wurde sowohl eine direkte Traditionswirkung als auch eine indirekte Traditionswirkung festgestellt. In diesem Zusammenhang konnten alle Hypothesen der direkten Auswirkung (H1-H7) vorläufig bestätigt werden. Die Tradition wirkt signifikant positiv auf sowohl wahrnehmungsbezogene Größen (wie z.B. Image oder Vertrauen), als auch auf verhaltensbedingte Größen (wie z.B. Bindung oder Kaufabsicht). Im Rahmen der indirekten Wirkung der Tradition (H8-H14) wurde folgendes Ergebnis festgestellt. Auch wenn das Markenimage bei den Hypothesen H10 und H14 keine signifikante Auswirkung auf die Markenloyalität und die Kaufabsicht ausübt und die Hypothesen daher abgelehnt wurden, konnten alle weiteren Wirkbezüge bestätigt werden. Somit erfolgte der Rückschluss, dass das Wirkungsmodell von Geus auch für die Marke VWN Gültigkeit besitz und die Tradition über diese Beziehungen das Konsumentenverhalten beeinflusst.

Der letzte größere Untersuchungsbereich betraf einen Gruppenvergleich. Vor diesem Hintergrund konnte gezeigt werden, dass es signifikante Unterschiede zwischen den Gruppen Nutzer, Mitfahrer und der Gruppe ohne Produktkontakt gibt. Im Allgemeinen folgt dieser Vergleich einem bestimmten Ranking. Sowohl bei den verhaltenswissenschaftlichen Faktoren, bei der Traditionswahrnehmung als auch bei der Auswirkung der Tradition auf das Konsumentenverhalten war festzustellen, dass die Nutzer eine stärkere Zustimmung vorweisen als die Mitfahrer und die Mitfahrer wiederum eine stärkere als die Probanden ohne Produktkontakt. Daraus wurde zwar der Rückschluss gezogen, dass die Auswirkung der Tradition variiert, jedoch ist gleichzeitig hervorzuheben, dass die Traditionswirkung für jede Gruppe nachweisbar ist. Auch wenn die Wirkung bei der Gruppe ohne Produktkontakt etwas geringer ist als bei den Nutzern, so ist die Wirkung dennoch signifikant bestätigt worden.

Aufgrund der Untersuchungen und der daraus resultierenden Ergebnisse konnte folgende Vermutung empirisch bestätigt werden: Die Markentradition von VWN ist messbar, sie hat einen signifikant positiven Einfluss auf das Konsumentenverhalten und kann daher als relevanter Erfolgsfaktor in der Automobilbranche angesehen werden.

5 Gestaltungsperspektiven für das Marketing

Auf Basis der im Rahmen dieser Arbeit erarbeiteten, theoretischen und empirischen Erkenntnisse, lassen sich eine Vielzahl von Gestaltungsperspektiven für das Marketing ableiten. In diesem Zusammenhang ist es Aufgabe dieses Abschnittes auf ausgewählte Handlungsempfehlungen hinzuweisen.

Da die vorliegende Studie signifikant nachgewiesen hat, dass die Markentradition von VWN sich positiv auf das Konsumentenverhalten ausübt, liegt eine erste Gestaltungsempfehlung auf der Hand. Es gilt die Markentradition als Erfolgsfaktor zu begreifen, sie aktiv in die Marketinganstrengungen zu integrieren und dem Konsumenten bewusst zu machen. Eine **zielorientierte Berücksichtung** der eigenen Tradition verbirgt so vielfältige Potentiale sowie Chancen sich den aktuellen Herausforderungen zu stellen und sich auf dem Markt weiterhin zu etablieren (vgl. Diez, 2006, S. 183-194).

Die Markentradition und deren erwünschten Auswirkungen sind jedoch nicht einfach zu verordnen. Vielmehr sind kontinuierliche und konsistente Bemühungen unter Berücksichtigung der gesamten Unternehmung notwendig, die durch ein umfassendes Traditionsmanagement geführt werden (vgl. Herbrand/Röhring, 2006, S. 563-575). Vor diesem Hintergrund sollen einzelne Gestaltungsperspektiven im Rahmen einer ganzheitlichen Marketing-Konzeption[149] abgeleitet werden. Diese zeigt umfassende Implikationen auf, die normative, strategische sowie operative Marketingaspekte vereint (vgl. Wiedmann/Kreutzer, 1989, S. 68-70; Raffée et al., 1994, S. 51 f.).

Normative Ebene:

Eine normative Gestaltungsperspektive richtet sich an die Unternehmenskultur, die eine gemeinsame Handlungsorientierung der Organisationsmitglieder umfasst (vgl. Steinmann/Schreyögg, 2005, S. 711). Um die Markentradition als Erfolgsfaktor zu nutzen, bedarf es einer Traditionskultur, die sich in einer traditionskonformen Denkhaltung aller Beteiligten widerspiegelt (Urde et al., 2007, S. 14-16). Es müssen Voraussetzungen geschaffen werden, sich der eigenen Tradition bewusst zu werden und die Möglichkeiten eröffnen z.B. Rituale, Mythen oder Erfolgsgeschichten weiter zu tragen. Um dies zu erreichen, sind die Traditionsbedeutung und deren Umgang intern klar zu kommunizieren. Dazu sollte z.B. ein Selbstverständnis formuliert werden, das durch ein Leitbild festgehalten wird und als Bezugspunkt für Strategien oder Maßnahmen fungiert (vgl. Herbrand/Röhring, 2006, S. 578). Die nach Innen gerichtete Kommunikation des Selbstverständnisses eröffnet eine weitere, normative Handlungsempfehlung. Wie aus Abschnitt 2.1.2.2 hervorgeht, ist der Ausgangspunkt der Traditionswahrnehmung die Markenidentität. Die interne Vermittlung der u.a. eigenen Herkunft, bestimmter Werte und Normen sowie Visionen ist wesentliche Voraussetzung für den Aufbau der Markenidentität und Erfolgsfaktor eines positiven Markenimages. Wird die eigene Herkunft und das Traditionsbewusstsein nicht tief verankert und „gelebt", kann dies negative Folgen auf das Markenimage nach sich ziehen (vgl. Rother, 2006, S. 386).[150] Ein zielorientierter Aufbau der eigenen Identität sowie die Vermittlung der Werte ist Voraussetzung dafür, dass die eigene Tradition effektiv genutzt werden kann und aus Sicht des Konsumenten wahrgenommen wird.

Strategische Ebene

Hinsichtlich der strategischen Ausrichtung ergeben sich weitere Implikationen, die maßgeblich zum Erfolg eines Unternehmens beitragen (vgl. Armstrong/Kotler, 2006, S. 50). Strategien können definiert werden als geplante Maßnahmenbündel zur Erreichung langfristiger Ziele. Hierdurch versu-

---

[149] Unter einer Marketing-Konzeption versteht man einen ganzheitlichen Handlungsplan, der, ausgehend von einer normativen Ebene der Unternehmensführung, bestimmte Strategien ableitet und entsprechende operative Marketinginstrumente festlegt (vgl. Becker, 2006, S. 5).

[150] Eine Möglichkeit das Traditionsbewusstsein in die Unternehmenskultur zu implementieren ist alle Organisationsmitglieder bezüglich dieser Denk- und Verhaltensweise entsprechend zu entwickeln und zu schulen (vgl. Hunke, 2006, S. 163; Ridder, 1999, S. 555). Für eine schrittweise Verankerung der Markenherkunft bei den Mitarbeitern und daraus folgenden Potentiale vgl. ausführlich Rother, 2006.

chen Unternehmen Erfolgspotentiale zu erschließen bzw. deren Aufbau, Pflege und Nutzung zu ermöglichen (vgl. Kutschker/Schmid, 2008, S. 824).

Im Rahmen der Auswertung stellte sich heraus, dass die Markentradition als klarer Erfolgsfaktor anzusehen ist. Folgerichtig zu o.g. Definition ergibt sich daraus, dass als strategische Stoßrichtung ein weiterer Aufbau, die Pflege sowie die Nutzung der Markentradition zielführend erscheinen. Für einen weiteren **Aufbau** empfiehlt es sich eine gewünschte Soll-Identität anzustreben, die nahe dem gewünschten Soll-Image liegt. Das Übereinstimmen von Selbst- und Fremdbild in den Köpfen der Anspruchsgruppen ist nicht nur die Substanz für Authentizität und Differenzierungskraft, sondern eben auch Basis für den Aufbau der Markentradition. Um nicht den bereits angesprochen Misserfolg des VW Phaetons, der keinen Fit zu der Historie der Marke VW aufweist, folge zu leisten, empfiehlt es sich einen klaren Bezug zu den eigenen Wurzeln herzustellen. Insbesondere da die Marke VWN erst seit 1995 existiert und demnach noch auf keine lange „Tradition" zurückblicken kann, sollte die Brücke zu den Anfängen ihrer Produkte geschlagen werden. Unter Traditionsgesichtspunkten gilt es insbesondere die bspw. Mythen, Sagen und Erfolgssinnbilder des fast schon legendären „VW-Bullis" auf die Marke VWN zu projizieren. Die Wahrnehmung der Marke aus Sicht der Öffentlichkeit und Kunden kann stark über bestimmte (traditionsreiche) Produkte beeinflusst werden (vgl. Diez/Tauch, 2008, S. 16). Somit gilt es u.a. die langfristigen und traditionellen Erfolge des Bullis als Quelle für Expertise oder Authentizität in Form einer „Galionsfigur" zu nutzen.

Des Weiteren könnte eine strategische Stoßrichtung die **Pflege** der eigenen Markentradition sein. Markentradition sollte nicht als Allheilmittel oder Selbstläufer verstanden werden. Vielmehr wurde erläutert, dass die Tradition eher ein sehr langfristiger und sich entwickelnder Prozess ist. Daher empfiehlt es sich, Markentradition konsistent und vor allem kontinuierlich zu gestalten. Zudem sollte die Marke VWN ihren Grundwerten und dem Leistungsversprechen treu bleiben. In diesem Zusammenhang erscheint ein permanentes Markentraditions-Controlling sinnvoll. Um die positive Wahrnehmung der Markentradition zu pflegen, ist ein ständiges Eruieren und sich Hinterfragen, ob der Bezug zu den eigenen Wurzeln noch gegeben ist, unabdingbar. Es gilt regelmäßig zu überprüfen, wie die Marke von internen und externen Anspruchsgruppen wahrgenommen wird. Es sollte kontinuierlich bewertet werden, ob der Fit zwischen Markenidentität und Markenimage gegeben ist. Um das zu erreichen empfiehlt sich, in einen regelmäßigen Dialog mit allen relevanten Anspruchsgruppen zu treten.

Der konsistente Bezug zu den eigenen Wurzeln soll jedoch keinen Stillstand der Markenentwicklung bedeuten. Innovationen und Entwicklungen sind unabdingbar für den Erfolg. Vor diesem Hintergrund sollte Tradition und Innovation nicht als Spannungsfeld gesehen werden, sondern als sich unterstützende Symbiose. Erfolge und Erfahrungen aus der Vergangenheit als Ausgangspunkt für

neue „frische Ideen", können die Tradition lebendig wirken lassen (vgl. Herbrand/Röhring, 2006, S. 587).[151] Das Bedeutet für die Marke VWN, dass es erfolgversprechend erscheinen kann, innovative und zeitgemäße Produkte wie den aktuellen T5 auf den Markt zu bringen, jedoch sollte der Bezug zu den Wurzeln und den historischen Werten nicht außer Acht gelassen werden.
Des Weiteren wurde eine entsprechende **strategische Nutzung** der Markentradition vorgeschlagen. Die Ausgestaltung wird insbesondere im Rahmen der operativen Ebene besprochen. Allgemein jedoch empfiehlt es sich die Markentradition in sämtlichen Marketingüberlegungen mit einzubeziehen und aktiv zu nutzen. Insbesondere deshalb, da sie als strategisch wertvolle und schwer substituierbare Ressource verstanden werden kann (vgl. Wiedmann et al., 2008, S. 57-59).

In Verbindung zu den o.g. Ausführungen zum Historienbezug, soll eine letzte strategische Gestaltungsempfehlung gegeben werden. Diese befasst sich mit der **aktuellen Positionierung**[152] der Marke VWN. Für den Erfolg einer Positionierung sollten dabei bestimmte Merkmale herausgegriffen werden, die geeignet sind sich vom Wettbewerb zu differenzieren (Kroeber-Riel/Esch, 2004, S 51-55). Vorausgesetzt, dass das Positionierungsmerkmal von den Konsumenten wahrgenommen und für glaubhaft erachtet wird, kann eine Differenzierung auch über die Tradition vorgenommen werden (vgl. Esch/Brunner, 2006, S. 150 f.). Durch die Auswertung der Stichprobe konnte gezeigt werden, dass die Markentradition von VWN sowohl wahrgenommen wird, als auch als glaubhaft bestätigt wurde. Daher kann für alle Gruppen der Rückschluss erfolgen, dass die Positionierung über die Tradition für VWN durchaus eine erfolgversprechende Option ist. Dennoch wird als Gestaltungsempfehlung eine **kritische und kontinuierliche Reflektion** der aktuellen Positionierungsstrategien sowie des Fremdbildes vorgeschlagen. Grund dafür sind häufig genannte und teilweise sehr negative Traditionswahrnehmungen. Im Rahmen der Datenerhebung innerhalb der Onlineforen, wurde festgestellt, dass sich eine Vielzahl von Nutzern über die aktuelle Positionierungsstrategie von VWN beschwert hat. Innerhalb des, für die Durchführung der Umfrage, eröffneten Themas, haben nicht wenige Teilnehmer schriftlich ihre Kritik geäußert und kundgetan, dass VWN weder einen Traditionsbezug aufweist, noch über ein gutes Image verfügt. Vor diesem Hintergrund wurde mit einigen Teilnehmern, die diese Auffassung vertreten, ein kurzes, **qualitatives Interview** durchgeführt. Im Anhang befinden sich drei Auszüge aus einem solchen Interview (vgl. Anhang 35).[153]

[151] Ein Beispiel bei dem der Leitsatz „Innovation aus Tradition" gut nachvollziehbar ist, ist die Marke Harley-Davidson. Bei kaum einer anderen Marke werden traditionelle Aspekte wie Legende, Mythos und Kult mit innovativen Aspekten aus Technik und Moderne vereint (vgl. ausführlich Gneithing, 2006).

[152] Die Positionierung beschreibt, wofür die Marke steht und welche Stellung die Marke in der Wahrnehmung der Konsumenten einnimmt. Des Weiteren ist sie Treiber für das Markenimage (vgl. Dahms/Ormeno, 2006, S. 317).

[153] Dabei sei angemerkt, dass diese drei Auszüge stellvertretend und exemplarisch für mehrfach wiederholte Kritikpunkte stehen.

Daraus lassen sich mehrere Problembereiche ableiten. Die schwerwiegendsten Vorwürfe sind, dass das Unternehmen keinerlei Traditionsbezug aufweist und dass kein Interesse an früheren Kunden wahrgenommen wird. Nach Meinung einiger Nutzer, sind die aktuellen Produkte viel zu überteuert, wiesen keine Gemeinsamkeit zum erfolgreichen und traditionellen Bulli auf und knüpfen nicht an dessen Werte an. Erfolgssinnbilder und traditionelle Aspekte des Bullis werden nicht mit dem Unternehmen in Verbindung gebracht. Dieses wird sogar lediglich als „kommerziell" und „nach Profit strebend" tituliert.

Aus diesen Ergebnissen heraus ergibt sich daher die o.g. Empfehlung zur kritischen Reflexion der aktuellen Strategie. Es wird zwar derzeit empirisch eine positive Wahrnehmung nachgewiesen, jedoch sollte dieser „Trend" weiter beobachtet werden. Auch wenn es lediglich vereinzelte Extremmeinungen sind, können diese als negatives Zeichen für eine traditionskonträre Positionierung sein. Insbesondere da gezeigt wurde, dass die Tradition die größte Auswirkung auf die Gruppe der Nutzer hat und diese oft als Multiplikatoren für Mund-zu-Mund-Propaganda dienen, sollten solche Äußerungen ernst genommen werden. Ein Traditionscontrolling mit implementiertem Beschwerdemanagement sowie einer verbesserten Kundenorientierung sollte dafür Sorge tragen, dass langfristig die Soll-Identität und das Soll-Image übereinstimmen.

Operative Ebene

Auf operativer Ebene werde im Rahmen des Marketing-Mix[154] ausgewählte Strategien durch geeignete Instrumente umgesetzt (vgl. Wiedmann et al., 2002, S. 2002). Auch hier werden ausgewählte Handlungsalternativen vorgeschlagen:

Im Rahmen der Ausgestaltung der **Produktpolitik** ist insbesondere ein produktspezifischer Traditionsbezug von hoher Relevanz. Da die Marke VWN noch nicht lange existiert und deren Traditionswahrnehmung stark von z.B. dem Bulli abhängt, sollte sich dieser Bezug auch in der Produktgestaltung wieder finden. Die Produkte einer traditionsbewussten Marke weisen einen hohen Wiedererkennungsgrad auf. Dieser beruht bspw. auf bestimmte Stilelemente der Marke, wie z.B. die Linienführung der Karosserie oder bestimmte abgewandelte und weiterentwickelte Formen oder Details (vgl. Tauch, 2008, S. 16). Auch die neuen Produkte von VWN sollten daher Bezüge zu einzelnen, charakteristischen Designelementen der Vorgängermodelle herstellen und beibehalten. Eine weitere Empfehlung wird wiederum aus den Kurzinterviews abgeleitet. Nicht wenige Nutzer haben sich darüber beschwert, dass es teilweise keine Möglichkeit gibt, bestimmte Ersatzteile für ältere Modelle zu beziehen. Dies erweckt nicht nur den Anschein, dass VWN sich lediglich für den Verkauf aktueller Modelle interessiert, sonder es konterkariert auch den produktspezifischen Traditi-

[154] Unter Marketing-Mix fallen die Instrumente Produkt-, Preis-, Kommunikations- und Distributionspolitik (vgl. Homburg/Krohmer, 2006, S. 13 f.).

onsbezug. Insbesondere da die Nutzer eine besondere Rolle einnehmen, sollte VWN im Rahmen der Produktpolitik dieses Defizit überdenken und eine erweiterte Ersatzteillieferung ermöglichen.

Bezüglich der **Preispolitik** ergeben sich zwei Perspektiven. Es konnte gezeigt werden, dass sich die Markentradition von VWN positiv auf das Preispremium auswirkt. Konsumenten sind durchaus bereit einen höheren Preis für Produkte der Marke VWN zu bezahlen als für vergleichbare Marken ohne Tradition. Daher sollte die Möglichkeit eines entsprechenden Aufschlages bei der Preisgestaltung auch ausgenutzt werden. Dennoch wird die Marke VWN auch als zu überteuert angesehen und setzt, wie aus den Interviews zu entnehmen ist, falsche Akzente bei der Preisgestaltung. Mit Hilfe von z.B. Target Costing[155] sollte sich VWN ein sehr genaues Bild über die Erwartungen und Preisakzeptanzen der Kunden machen. Preisaufschläge an Ausstattungsvarianten, die für den Kunden nur eine untergeordnete Rolle spielen, sollten vermieden werden. Daher wird empfohlen auch ein traditionskonformes Preis-Leistungs-Verhältnis anzustreben.

Im Zuge der **Kommunikationspolitik** ist auf eine klare und identitätsbasierte Kommunikation der Marken- bzw. Traditionswerte zu achten. Die Traditionsaspekte sollten kontinuierlich im Vordergrund stehen. Dabei gilt es zum einen die Kommunikationsinhalte zu klären. Dies können bspw. die Erfolgsgeschichte des VW-Bullis, bestimmte Rituale und Legenden, Gründungsgeschichten oder bestimmte Werte, für die die Marke VWN steht, sein. Zum anderen sind bestimmte Kommunikationskanäle relevant. Um Werte wie z.B. Traditionsbewusstsein oder Kontinuität zu kommunizieren, sollte die Traditionsvermittlung über Kanäle wie u.a. Internetauftritt oder klassische Werbung hinausgehen. Für die Kommunikation der Markentradition in der Automobilindustrie sind vornehmlich physische Orte, die die Gegenwart mit der Vergangenheit konfrontieren, von hoher Relevanz und besonders erfolgversprechend (vgl. Ernst, 2008, S. 27). Für die Marke VWN könnten das z.B. Museen oder Gedenkstätten sein, durch die die Geschichte des Bullis erneut erzählt wird. Aber auch von VWN organisierte Veranstaltungen, wie z.B. ein jährliches Bullitreffen, können zur Traditionskommunikation und dessen Erfolg beitragen.

Das letzte Instrument ist die **Distributionspolitik**. Sowohl für die Vertriebsstruktur als auch beim direkten Abverkauf am Point of Sale ist das zu Nutze machen der Markentradition ein entscheidender Erfolgsfaktor (vgl. Thiemer/Stejskal, 2006, S. 532). Als gewählte Gestaltungsmöglichkeiten werden ein traditionsbasierter Verkauf im Autohaus und erlebnisreiche Expositionen vorgeschlagen. Beim klassischen Verkauf im Autohaus kann der Point of Sale so gestaltet werden, dass die Markentradition direkt vermittelt wird. So kann bspw. neben neuen Produkten, wie dem T5, gleichzeitig ein älteres Vorgängermodell präsentiert werden, um einen direkten Bezug herzustellen. Bspw.

[155] Target Costing ist ein in der Automobilindustrie häufig eingesetztes Controlling-Instrument, das sich bei der u.a. Preisgestaltung an den Erwartungen der Kunden orientiert. Zur Kundenzufriedenheit wird ein Zielpreis ermittelt, der ein angemessenes Preis-Leistungs-Verhältnis anstrebt (vgl. ausführlich Claassen/Hilbert, 1994).

können aber auch die Verkäufer, bei geeigneter Schulung, durch direkte Historienbezüge im Verkaufsgespräch Anreize setzen und die Tradition in den Vordergrund rücken. Eine weitere Möglichkeit den Traditionsaspekt zu implementieren, ist der Verkauf im Rahmen einer Erlebniswelt. Über Veranstaltungen, öffentliche Ausstellungen, Museen oder einem erlebnisreichen Werksverkauf (z.B. die Autostadt von VW in Wolfsburg) kann Distribution und Tradition verbunden werden. Neben einem intensiven Erlebnischarakter in traditionsgeladener Atmosphäre, verbuchen solche Expositionen zudem häufig hohe Besucherzahlen, so dass durch das Anbieten von z.B. Probefahrten ein Produktkontakt hergestellt werden kann. Insbesondere vor dem Hintergrund der analysierten Gruppenunterschiede kann dadurch die Folge sein, dass die Traditionswahrnehmung zukünftig steigt.

6 Fazit und Ausblick

Ziel der vorliegenden Arbeit war es die Markentradition als Erfolgsfaktor in der Automobilindustrie zu manifestieren. Anhand einer empirischen Studie wurde analysiert, inwieweit die Markentradition operationalisiert werden kann und ob sie Auswirkungen auf das Konsumentenverhalten nach sich zieht. Die Untersuchungen fanden dabei an der speziellen Marke Volkswagen Nutzfahrzeuge statt. Daran anschließend wurden aus den Analysen Gestaltungsperspektiven für das Marketing abgeleitet.

Bereits in den ersten Abschnitten wurde theoretisch erläutert, dass die Markentradition die Quelle für Authentizität und Glaubwürdigkeit ist. Vor dem Hintergrund einer regelrechten Überflutung von homogenen Produkten, ist die Markentradition ein geeignetes Mittel um aus der Masse hervorzustechen und sich von anderen Marken zu differenzieren. Durch die unverwechselbare Identität von Marken mit einer gewissen Tradition, beeinflussen solche Marken auch das Konsumentenverhalten. Aus theoretischer Sicht bieten sie u.a. Bindungs- oder Identifikationspotentiale und genießen ein höheres Vertrauen.

Bevor die empirische Auswirkung der Markentradition von VWN auf das Konsumentenverhalten analysiert werden konnte, war es Aufgabe sowohl geeignete Operationalisierungsmöglichkeiten des Traditionskonstruktes zu ermitteln, als auch bestimmte verhaltenswissenschaftliche Wirkungsgrößen herauszuarbeiten. Bezüglich des Konstruktes Tradition wurde in einem ersten Schritt gezeigt, dass diese aus vielschichtigen Facetten besteht und unterschiedliche Charakteristika aufweist. Anhand des Traditionsmodells von Buß wurde die Tradition in ihre einzelne Traditionsbestandteile zerlegt und so das Konstrukt näher durchleucht. In einem zweiten Schritt wurden bestimmte verhaltenswissenschaftliche Aspekte erläutert. Mit Hilfe des Markenwirkungsmodells von Geus wurden die relevanten Größen des Konsumentenverhaltens beschrieben. Dabei wurden neben einer inhaltlichen Beschreibung der wahrnehmungsbezogenen und verhaltensbedingten Wirkgrößen auch die theoretischen Zusammenhänge dieser aufgedeckt. Auf Basis dieser beiden Modelle wurde die Auswirkung der Markentradition auf das Konsumentenverhalten grundlegend fundiert und entsprechende Hypothesen generiert.

Der darauf aufbauende empirische Teil hatte zum Ziel, mit Hilfe multivariater Verfahren, die **Wirkung der Tradition** zu untersuchen. Im Vorfeld wurde überprüft, ob die jeweiligen Traditionsbestandteile hinreichend beschrieben werden können, um diese messbar zu machen. Durch entsprechende Auswertungen wurde der Rückschluss gezogen, dass die dafür generierten Items tatsächlich in der Lage sind die Tradition zu beschreiben. Als Ergebnis wurde festgehalten, dass die **empirische Operationalisierung** der Tradition nach dem Modell von Buß gelungen ist. Des Weiteren sollte im Rahmen der Auswertungen nachgewiesen werden, dass die Markentradition von VWN ein maßgeblicher Erfolgsfaktor ist. Das Ergebnis ist, dass sich der Faktor Tradition signifikant und positiv auf sowohl wahrnehmungsbezogene als auch verhaltensbedingte Größen auswirkt.
Wird die Tradition kommuniziert und vom Konsumenten wahrgenommen, so wirkt sie sich direkt auf das Markenimage, die Markenzufriedenheit, das Markenvertrauen, die Markenloyalität, die Markenbindung, auf die Kaufabsicht und auf das Preispremium aus. Verstärkt wirkt dieser Effekt zudem durch einen indirekten Wirkungsbezug. Die Auswertungen ergaben, dass das Wirkungsmodell von Geus auch für die Marke VWN für gültig erklärt werden kann. So ist die Auswirkung der Tradition auch über dieses Beziehungsgeflecht zu erklären. In einem letzten Schritt wurde überprüft, ob die Wahrnehmung der Tradition und somit auch dessen Wirkung auf das Konsumentenverhalten lediglich für Nutzer der VWN-Produkte gelten. Als Ergebnis kann dieses verneint werden. Zwar steigt sowohl die Traditionswahrnehmung als auch die Auswirkung mit steigendem Produktkontakt, jedoch sind verhaltenswissenschaftliche Ziele für jede Gruppe signifikant nachweisbar. Als Endergebnis dieser Studie ist festzuhalten, dass auch empirisch bestätigt werden kann, dass die **Markentradition als Erfolgsfaktor** anzusehen ist.
Aus diesen Überlegungen heraus kann abgeleitet werden, dass es empfehlenswert erscheint die Markentradition von VWN in die Marketinganstrengungen zu implementieren. Sie ist in der Lage verhaltenswissenschaftliche Ziele zu erreichen und bietet die Möglichkeit sich, in den Augen des Konsumenten, von anderen Marken zu differenzieren. Insbesondere dann, wenn sie nicht aufgesetzt wird, sondern tief verankert und „gelebt“ wird. Dennoch ist klar festzuhalten, dass die Markentradition kein Selbstläufer ist. Vielmehr sollte die aktuelle Positionierung sowie die konsumentenseitige

Wahrnehmung der Tradition kontinuierlich überprüft und kritisch hinterfragt werden. Nur wenn Identität und Image übereinstimmen, erscheint die Markentradition erfolgversprechend.

Trotz dieser signifikanten Ergebnisse gilt es als **Ausblick** und als weiteren Forschungsbedarf, insbesondere drei wichtige Aspekte zu berücksichtigen. Erstens wurde, wie bereits beschrieben, zur Auswertung der Traditionswirkung der Faktor Tradition in Betracht gezogen. Eine weitere Verdichtung der Traditionsbestandteile zum Faktor Tradition ist jedoch nur bedingt empfehlenswert und kann unter Umständen zu einer Verzerrung der Ergebnisse führen. Insbesondere vor dem Hintergrund knapper Ressourcen sollten daher in weiterführenden Untersuchungen die einzelnen Traditionsbestandteile in den Fokus rücken. Durch eine Analyse der **Auswirkung der einzelnen Facetten** könnten weitere, für das Markenmanagement wichtige, Ergebnisse aufgedeckt werden. Dadurch kann bspw. auch die Frage beantwortet werden, welche Bestandteile die jeweils größten Auswirkungen haben. Z.B. im Rahmen der Kommunikationspolitik können diese Aspekte besonders in den Vordergrund gezogen werden und evtl. die Traditionswahrnehmung verstärken. Zweitens ist zu bedenken, dass die gewählte Regressionsanalyse nicht geeignet ist mehrstufige Wirkungsbezüge herzustellen. Dies gilt insbesondere für die gemessenen indirekten Auswirkungen. Für ein klareres Bild, tiefer gehende Informationen und einer Überprüfung des gesamten Modells inkl. aller Einflüsse, wird daher zusätzlich eine **umfassende Kausalanalyse** empfohlen. Drittens ist zu empfehlen die Markentradition nicht als „Patentrezept" zu verstehen. Eine Unterscheidung vom Wettbewerb und die Erklärung des Konsumentenverhaltens nur anhand der Tradition, greift viel zu kurz. Auch wenn signifikante Ergebnisse erzielt wurden, gilt es diese für strategische Entscheidungen in Zusammenhang und **Beziehungen zu anderen Erfolgsfaktoren** zu bewerten.
Durch diese erweiterten Forschungsfelder kann der Erfolgsfaktor Markentradition noch weiter konkretisiert werden, was den daraus resultierten Nutzen erhöht.

Literaturverzeichnis

Aaker, D. A. (1991): Managing brand equity, New York et al.: Free Press.

Aaker, D. A. (1992): Management des Markenwerts, Frankfurt/Main.

Aaker, D. A. (1996): Building strong brands, New York.

Aaker, J. L. (1997): Dimensionen of Brand Personality, in Journal of Marketing Research, 34 (Aug.), S. 347-356.

Aaker, J.; Joachimsthaler, E. (2000): Brand Leadership, New York.

Aaker, J.; Joachimsthaler, E. (2002): Brand Leadership, New York.

Agerwal, M. K.; Rao, A. R. (1996): An Empirical Comparison of Consumer-Based Measure of Brand Strength, in: Marketing Letters, 7 (3), S. 237-247.

Andresen, T. (1991): Innere Markenbilder: MAX - wie er wurde, was er ist, in: Planung und Analyse, 18 (1), S. 28-34.

Armstrong, E.; Kotler, P. (2006): Marketing. An Introduction, 8. Auflage, Upper Saddle River, New Jersey.

Assael, H. (1995): Consumer Behavior and Marketing Action, 5. Aufl., Cincinatti.

Audi AG (2009): Audi-Markengeschichte Höhepunkte aus 100 Jahren, im Internet: http://www.audi.de/de/brand/de/erlebniswelt/historie.html, abgerufen am 04.06.2009.

Backhaus, K.; Erichson, B.; Plinke, W.; Weiber, R. (2008): Multivariate Analysemethoden. Eine anwendungsorientierte Einführung, 12. Auflage, Berlin, Heidelberg.

Baer, D.; Wermke, M. (2000): Duden - Das große Fremdwörterbuch, 2. Auflage Mannheim u.a.

Balderjahn, I.; Scholderer, J. (2007): Konsumentenverhalten und Marketing. Grundlagen für Strategien und Maßnamen, Stuttgart.

Bauer, H.; Dichtl, E.; Herrmann A. (1996): Automobilmarktforschung: Nutzenorientierung von Pkw-Herstellern, München.

Baumgarth, C. (2004): Markenpolitik. Markenwirkung - Markenführung - Markencontrolling, 2. Auflage, Wiesbaden.

BBDO (2004a): Point of view - Brand Parity Studie 2004, http://www.bbdo-consulting.com/cms/de/publikationen/brand_management/brand_management/publikation_4.jsp, abgerufen am 15.05.2009.

BBDO (2004b): Brand Equity Drivers Modell Band 3, http://www.bbdo.de/de/home/studien.download.Par.0026.Link1Download.File1Title.pdf, abgerufen am 16.05.2009.

BBDO Germany (2005): BBDO-Modell Brand Equity Drivers zeigt Wege zu Preispremiumstrategien, http://www.bbdo.de/de/home/presse/aktuell/20050/11_03_2005_-_bbdo-modell.html, abgerufen am 15.05.2009.

Becker, J. (2004): Typen von Markenstrategien, in: Bruhn, M. (Hrsg.): Handbuch Markenartikel, Bd. 1, 2. Aufl., Stuttgart, S. 637-675.

Becker, J. (2005): Einzel-, Familien- und Dachmarken als grundlegende Handlungsoption, in: Esch, F.-R. (Hrsg.): Moderne Markenführung. Grundlagen - Innovative Ansätze - Praktische Umsetzung, 4. Auflage, Wiesbaden, S. 381-402.

Becker, J. (2006): Marketing-Konzeption: Grundlagen des ziel-strategischen und operativen Marketing-Managements, 8. Auflage, München.

Beckmann, N. (2008): Tradition und Marke - Chancen und Potentiale eines modernen Traditionsmanagements und die Rolle der Unternehmensarchive, in Feldenkirchen, W.; Hilger, S.; Rennert, K. (Hrsg.): Geschichte - Unternehmen - Archive, Essen, S. 449-455.

Behrens, G.; Esch. F.-R.; Leischner, E.; Neumaier, M. (2001): Gabler Lexikon Werbung, Wiesbaden.

Bekmeier-Feuerhahn, S. (1998): Marktorientierte Markenbewertung, Wiesbaden.

Berekoven, L. (1978): Zum Verständnis und Selbstverständnis des Markenwesens, in: Dichtl, E. et al. (Hrsg.): Marken Artikel heute: Marke, Markt und Marketing, Wiesbaden, S. 35-48.

Berekoven, L.; Eckert, W.; Ellenrieder, P. (2006): Marktforschung - Methodische Grundlagen und praktische Anwendung, 11. Auflage, Wiesbaden.

Blackstone, M. (1990): Price Trade-offs as a Measure of Brand Value, in Journal of Advertising Research, 30 (4), S. RC 3 - RC 6.

Blackwell, R. D.; Miniard, P. W.; Engel, J. (2001): Consumer Behaviour, 9th Edition, Prentice Hall, London.

Bleicher, K. (2004): Das Konzept integriertes Management, Visionen – Missionen – Programme, 7. überarb. und erw. Aufl., Frankfurt/Main.

Blinda, L. (2003): Relevanz der Markenherkunft für die identitätsbasierte Markenführung, Arbeitspapier Nr. 2 des Lehrstuhls für innovatives Markenmanagement (LiM), Burmann, C. (Hrsg.), Universität Bremen, Bremen.

Bloemer, J. M. M.; Kasper, H. D. P. (1995): The complex relationship between consumer satisfaction and brand loyalty, in: Journal of Economic Psychology, 16 (3), S. 311-329.

BMW Gruop Classic (2008): Welchen Stellenwert hat die Historie für eine Marke?, in: Diez, W.; Tauch, P. (Hrsg.): Tradition und Marke. Erfolgsfaktoren in der Automobilindustrie, S. 60-77.

Böhler, H. (2004): Marktforschung, 3. Auflage, Stuttgart.

Böker, F. (2007): Formelsammlung für Wirtschaftswissenschaftler - Mathematik und Statistik, München.

Brand, H.; Bungard, W. (1982): Markentreue, in: Jahrbuch der Absatz- und Verbrauchsforschung, 28 (3), S. 265-288.

Brandejsky, R.; Kempin, L.; Bross, D. (2006): 75 Jahre Mazda – Verwendung von Traditionselementen in der klassischen Werbung, in: Herbrand N.O./Röhrig, S. (Hrsg.): Die Bedeutung der Tradition für die Markenkommunikation – Konzepte und Instrumente zur ganzheitlichen Ausschöpfung des Erfolgspotenzials Markenhistorie, Stuttgart, S. 414-426.

Brockhaus Enzyklopädie (1993): in 24 Bd., völlig neu bearb. Aufl., Mannheim.

Brosius, F. (1998): Spss 8. Professionelle Statistik unter Windows, Bonn.

Brosius, F. (2002): Spss 11, Bonn.

Brosius, F. (2006): SPSS 14 - Das mitp-Standardwerk, Heidelberg.

Brosius, F. (2008): Spss 16 : Das mitp-Standardwerk, Heidelberg.

Brown, G. N. (1952): Brand Loyalty: Fact or Fiction?, in: Advertising Age, 23 (June, 9), S. 53-55.

Bruhn, M. (2001): Begriffsabgrenzungen und Erscheinungsformen von Marken, in Bruhn, M. (Hrsg.): Die Marke. Symbolkraft eines Zeichensystems, Bern, S. 13-53.

Bruhn, M. (2004): Begriffsabgrenzung und Erscheinungsformen von Marken, in: Bruhn, M. (Hrsg.): Handbuch der Markenführung. Kompendium zum erfolgreichen Markenmanagement. Strategien - Instrumente - Erfahrungen, 2. Auflage, Band 1, Wiesbaden, S. 3-49.

Bühl, A. (2006): SPSS 14. Einführung in die moderne Datenanalyse, 10. Auflage, München.

Bühl, A.; Zöfel, P. (2005): SPSS 12 - Einführung in die moderne Datenanalyse unter Windows, 9. Auflage, München.

Burmann, C.; Blinda, L.; Nitschke, A. (2003): Konzeptionelle Grundlagen des identitätsbasierten Markenmanagements, Arbeitspapier Nr. 1 des Lehrstuhls für innovatives Markenmanagement (LiM), Burmann, C. (Hrsg.), Universität Bremen.

Burmann, C.; Meffert, H. (2005): Theoretisches Grundkonzept der identitätsorientierten Markenführung, in: Meffert, H.; Burmann, C.; Koers, M. (Hrsg.): Markenmanagement. Identitätsorientierte Markenführung und praktische Umsetzung, 2. Auflage, Wiesbaden, S. 37-72.

Burmann, C.; Meffert, H.; Koers, M. (2005): Stellenwert und Gegenstand des Markenmanagements, in: Meffert, H./Burmann, C./Koers, M. (Hrsg.): Markenmanagement – Identitätsorientierte Markenführung und praktische Umsetzung, 2. Aufl., Wiesbaden, S. 3-17.

Burmann, C.; Zeplin, S. (2006): Erfolgspotentiale der Markenherkunft und Tradition für die innengerichtete Markenführung, in Herbrand, N. O.; Röhrig, S. (Hrsg.): Die Bedeutung der Tradition für die Markenkommunikation -Konzepte und Instrumente zur ganzheitlichen Ausschöpfung des Erfolgspotenzials Markenhistorie, S. 213-237.

Buß, E. (2006): Unternehmensgeschichte und Markenhistorie. Die heimlichen Erfolgsfaktoren des Markenmanagements, in: Herbrand, N. O.; Röhrig, S. (Hrsg.): Die Bedeutung der Tradition für die Markenkommunikation -Konzepte und Instrumente zur ganzheitlichen Ausschöpfung des Erfolgspotenzials Markenhistorie, S. 197-212.

Buß, E. (2007): Geschichte und Tradition - die Eckpfeiler der Unternehmensreputation, in: Archiv und Wirtschaft, 40. Jg., Heft 2, S. 72-85.

Chaudhuri, A.; Holbrook, M. B. (2001): The Chain of Effects from Brand Trust and Brand Affect to Brand Performance: The Role of Brand Loyalty, in: Journal of Marketing, Vol. 65, No. 2, S. 81-93.

Claassen, U.; Hilbert, H. (1994): Target Costing als Brücke zwischen Zielpreisindex und konkreten Teilekosten am Beispiel eines europäischen Automobilherstellers, in: Horvath, P.; Gleich, R.; Lamla, J.; Niemand, S.; Wolbold, M. (Hrsg.): Jahrbuch Controlling 1994, Düsseldorf, S. 34-46.

Dahms, A.; Ormeno, M. (2006): Tradition als Positionierungsmerkmal von Corporate Brands am Beispiel DaimlerChrysler, in: Herbrand, Nicolai O.; Röhrig, Stefan (Hrsg.), Die Bedeutung der Tradition für die Markenkommunikation, 2006, Stuttgart, S. 301-325.

De Chernatony, L; McDonald, M. H. B. (1992): Creating Powerful Brands, Oxford/UK.

Dederichs, A. M. (1997): Vertrauen als affektive Handlungsdimension, in: Schweer, K. W. (Hrsg.): Vertrauen und soziales Handeln - Facetten eines alltäglichen Phänomens, Berlin, S. 62-77.

Dehne, K. (1970): Analysen der Nachfrage nach Automobilen und ihre Aussagefähigkeit für Prognosen, Braunschweig.

Dick, A.; Basu, K. (1994): Customer loyality, toward an integrated conceptual framework, in: Journal of the Academy of Marketing Science, 22 (April), S. 99-113.

Diez, W. (1986): Bestimmungsfaktoren der Nachfrage nach Nutzfahrzeugen in der Bundesrepublik Deutschland, Schriftenreihe des VDA, Bd. 51, Frankfurt/Main.

Diez, W. (2006): Grundlegende Potenziale von Tradition im Markenmanagement, in: Herbrand N.O./Röhrig, S. (Hrsg.): Die Bedeutung der Tradition für die Markenkommunikation – Konzepte und Instrumente zur ganzheitlichen Ausschöpfung des Erfolgspotenzials Markenhistorie, Stuttgart, S. 181-195.

Diez, W.; Tauch, P. (2008): Tradition und Marke. Erfolgsfaktoren in der Automobilindustrie, Bielefeld.

Diller, H. (1996): Kundenbindung als Marketingziel, in: Marketing ZfP, 18 (2), S. 81-94.

Diller, H. (2000): Preispolitik, 3. Auflage, Stuttgart.

Domizlaff, H. (1939): Die Gewinnung des öffentlichen Vertrauens: Ein Lehrbuch der Markentechnik, Hamburg: Hanseatische Verlagsanstalt.

Domizlaff, H. (1992): Die Gewinnung des öffentlichen Vertrauens: Ein Lehrbuch der Markentechnik, Hamburg: Verlag Marketing Journal.

Dziuban, C.; Shirkey, E. (1974): When is a Correlation Matrix Appropriate for Factor Analysis?, in: Psychological Bulletin, 81, Nr. 6, S. 358-361.

Eckey, H.-F.; Kosfeld, R.; Rengers, Martina (2002): Multivariate Statistik. Grundlagen - Methoden - Beispiele, Wiesbaden.

Eckstein, P. (2006): Angewandte Statistik mit SPSS - Praktische Einführung für Wirtschaftswissenschaftler, 5. Auflage, Wiesbaden.

Einwiller, S. (2003): Vertrauen durch Reputation im elektronischen Handel, St. Gallen.

Eisend, M. (2003): Glaubwürdigkeit in der Marketingkommunikation. Konzepte, Einflussfaktoren und Wirkungspotenzial, Wiesbaden.

Eisenegger, M. (2005): Reputation in der Mediengesellschaft. Konstitution - Issues Monitoring - Issues Management, Wiesbaden.

Engel, J. F.; Blackwell, R. D.; Kollat, D. T. (1978): Consumer behavior, 3rd. ed., Hinsdale.

Engel, J. F.; Blackwell, R. D.; Miniard, P. W. (1995): Consumer behavior, 8th. ed., Philadelphia.

Ernst, J. (2008): Tradition ist ein langes Jetzt - Die Kommunikation der Markentradition in der Automobilindustrie, in: Diez, W.; Tauch, P. (Hrsg.): Tradition und Marke. Erfolgsfaktoren in der Automobilindustrie, S. 27-44.

Esch, F.-R. (2001): Moderne Markenführung, 3. Auflage, Wiesbaden.

Esch, F.-R.(2003): Strategie und Technik der Markenführung, München.

Esch, F.-R. (2007): Strategie und Technik der Markenführung, 4. Auflage, München.

Esch, F.-R.; Billen, P. (1994): Ansätze zum Zufriedenheitsmanagement: Das Zufriedenheitsportfolio, in: Tomczak, F.; Belz, C. (Hrsg.): Kundennähe realisieren. Ideen - Konzepte - Methoden - Erfahrungen. Festschrift für Prof. Haedrich, S. 407-424.

Esch, F.-R.; Bräutigam, S. (2005): Analyse und Gestaltung komplexer Markenarchitekturen, in: Esch, F.-R. (Hrsg.): Moderne Markenführung. Grundlagen - Innovative Ansätze - Praktische Umsetzung, 4. Auflage, Wiesbaden, S. 840-861.

Esch, F.-R.; Brunner, C. (2006): Markenhistorie und Markenidentität - Markenentwicklung im Zeitablauf, in Herbrand, N. O.; Röhrig, S. (Hrsg.): Die Bedeutung der Tradition für die Markenkommunikation -Konzepte und Instrumente zur ganzheitlichen Ausschöpfung des Erfolgspotenzials Markenhistorie, S. 152-179.

Esch, F.-R.; Geus, P. (2001): Ansätze zur Messung des Markenwertes, in Esch, F.-R. (Hrsg.): Moderne Markenführung, 3. Auflage, Wiesbaden, S. 1025-1057.

Esch, F.-R.; Geus, P.; Langner, T. (2002): Brand Performance Measurement zur wirksamen Markennavigation, in: Controlling - Zeitschrift für erfolgsorientierte Unternehmenssteuerung, 14 (8/9), S. 473-481.

Esch, F.-R.; Redler, J.; Honal, A. (2006): Beurteilung von Markenallianzen am Beispiel von Verpackungsentwürfen, in: Werbeforschung & Praxis, Heft 2+3, S. 10-20.

Esch, F.-R.; Wicke, A. (2001): Herausforderungen und Aufgaben des Markenmanagements, in: Esch, F.R. (Hrsg.): Moderne Markenführung, 3. Auflage, Wiesbaden, S. 3-55.

Fahrmeir, L.; Künstler, R.; Pigeot, I.; Tutz, G. (2007): Statistik. Der Weg zur Datenanalyse, 6. Auflage, Berlin, Heidelberg.

Farley, J. U.; Ring, L. W. (1940): Empirical Specification of a Buyer Behavior Model, in: JoMR, Feb. 1974, S. 89-96.

Farley, J. U.; Ring, L. W. (1970): An Empirical Test of Howard-Sheth Model of Buyer Behavior, in: JoMR, 1970, S. 427-438.

Feldenkirchen, W. (2008): Erfolgsfaktor Marke: Vom Warenzeichen zum integrieten Markenmanagement, in Feldenkirchen, W.; Hilger, S.; Rennert, K. (Hrsg.): Geschichte - Unternehmen - Archive, Essen, S. 423-448.

Foscht, T.; Swoboda, B. (2005): Käuferverhalten, 2. Auflage, Wiesbaden.

Gerpott, T.; Thomas, S. (2004): Bilanzierung von Marken nach HGB, DSR, IFRS, und US-GAAP, in: Der Betrieb, Heft 47, S. 2485-2494.

Geus, P. (2005): Wirkungsgrößen der Markenführung - Entwicklung und empirische Prüfung eines verhaltenwissenschaftlichen Wirkungsmodells der Markenführung, Berlin.

Gille, C.; Hrabal, U.; Struck, N.; Neidlein, H.; Prob,G.; Roos, P. (2009): Deutsches Markengesetz, www.markengesetz.de, abgerufen am 17.05.2009.

Gneithing, B. (2006): Tradition und Innovation - Merchandising bei Amerikas Motoradhersteller Nummer eins - Harley-Davidson, in: Herbrand, N. O.; Röhrig, S. (Hrsg.): Die Bedeutung der Tradition für die Markenkommunikation -Konzepte und Instrumente zur ganzheitlichen Ausschöpfung des Erfolgspotenzials Markenhistorie, S. 501-524.

Göttgens, O.; Gelbert, A.; Böing, C. (2003): Profitables Markenmanagement, Wiesbaden.

Götze, R.; Zenz, K.; Michal, C. (2005): Neuropsychologisches Befundsystem für die Ergotherapie, Berlin.

Graf, F. (1993): Mythos in mythenloser Gesellschaft, Stuttgart.

Grund, M. A. (1998): Interaktionsbeziehungen im Dienstleistungsmarketing, Wiesbaden.

Grunert, K. G. (1990): Kognitive Strukturen in der Konsumforschung, Heidelberg.

Hansen, U./Bode, M. (1999): Marketing und Konsum. Theorie und Praxis von der Industrialisierung bis ins 21. Jahrhundert, München.

Hansen, U.; Henning-Thurau, T.; Schrader, U. (2001): Produktpolitik: ein kunden- und gesellschaftsorientierter Ansatz, 3. Auflage, Stuttgart.

Häubl, G. (2005): Standortentscheidungen und Konsumentenverhalten: Der Einfluß des Produktionsstandortes auf die Beurteilung eines neuen Automobils, Wien.

Havenstein, M. (2004): Ingredient Branding. Die Wirkung der Markierung von Produktbestandteilen bei konsumtiven Gebrauchsgütern, Saarbrücken.

Heise, G. (1997): Internationale Marktsegmentierung im Automobilmarketing, Wiesbaden.

Hepp, G. (1994): Wertewandel - Politikwissenschaftliche Grundfragen, München.

Herbrand, N. O.; Röhring, S. (2006): History Management - Grundzüge eines umfassenden Ansatzes zur Ausschöpfung des Erfolgspotentials Markenhistorie, in Herbrand, N. O.; Röhrig, S. (Hrsg.): Die Bedeutung der Tradition für die Markenkommunikation -Konzepte und Instrumente zur ganzheitlichen Ausschöpfung des Erfolgspotenzials Markenhistorie, S.549-595.

Herrmann, A.; Homburg, C. (2000): Marktforschung: Ziele, Vorgehensweise, Methoden, in: Hermann, A.; Homburg, C. (Hrsg.): Marktforschung, 2. Auflage, Wiesbaden, S. 13-32.

Hildebrandt, M. (1996): Politische Kultur und Zivilreligion, 1996, Erlangen-Nürnberg.

Homburg, C.; Giering, A. (1996): Konzeptualisierung und Operationalisierung komplexer Konstrukte - Ein Leitfaden für die Marketingforschung, in: Marketing ZFP, 18, S. 5-24.

Homburg, C.; Giering, A. (2001): Messung von Kundenzufriedenheit und Markenloyalität, in Esch, F.-R. (Hrsg.): Moderne Markenführung, 3. Auflage, Wiesbaden, S. 1159-1170.

Homburg, C.; Krohmer, H. (2003): Marketingmanagement. Strategie - Instrumente - Umsetzung - Unternehmensführung, Wiesbaden.

Homburg, C.; Krohmer, H. (2006): Marketingmanagement. Strategie - Instrumente - Umsetzung - Unternehmensführung, 2. Auflage, Wiesbaden.

Homburg, C.; Schäfer, H. (2001): Strategische Markenführung in dynamischer Umwelt, in Köhler, R.; Mayer, W.; Wiezorek, H. (Hrsg.): Erfolgsfaktor Marke: Neue Strategien des Markenmanagement, München, S. 157-173.

Howard, J. A.; Sheth, J. N. (1969): The Theory of Buyer Behavior, New York.

Huber, F. (2004): Erfolgsfaktoren von Markenallianzen: Analyse aus der Sicht des strategischen Markenmanagements, Wiesbaden.

Huber, J. A. (2005): Co-Branding als Strategieoption der Markenpolitik. Kaufverhalten bei Co-Brand-Produkten und negative Rückwirkungseffekte auf die Muttermarke, Wiesbaden.

Hunke, G. (2006): Interne uns externe Kommunikationsstrategien im 55plus-Marketing von Finanzdienstleitern, in: Meyer-Hentschel, H.; Meyer-Hentschel, G. (Hrsg.), Jahrbuch Seniorenmarketing 2006/2007, Frankfurt/Main, S. 159-173.

Hunt, S. D.; Papas, J. L. (1972): A Crucial Test for the Howard-Sheth-Model of Buyer Behavior, in: JoMR, 1972, S. 346-348.

Ihde, G. B. (1984): Transport, Verkehr, Logistik, München.

Interbrand (2008): Best Global Brands 2008, im Internet unter http://www.interbrand.com/best_global_brands.aspx?langid=1000, abgerufen am 19.05.2009.

Jacoby, J.; Chestnut, R.W. (1978): Brand Loyalty, New York.

Janssen, J.; Laatz, W. (2007): Statistische Datenanalyse mit SPSS für Windows, 6. Auflage, Berlin.

Kaas, K. P. (1990): Marketing als Bewältigung von Informations- und Unsicherheitsproblemen im Markt, in: Die Betriebswirtschaft, 50. Jg., Nr. 4, S. 539-548.

Kaiser, H.; Rice, J. (1974): Little Jiffy, Markt IV, in: Educational an Psychological Measurement, 34, S. 111-117.

Kapferer, J.-N. (1992): Die Marke - Kapital des Unternehmens, Landsberg/Lech.

Kapferer, J. N. (1998): Strategic Brand Management, 2. Auflage, London.

Kapferer, J.-N. (2004): The new strategic brand management: creating and sustaining brand equity long term, 3. Aufl., London u.a.

Katona, G. (1960): Das Verhalten der Verbraucher und Unternehmen, Tübingen.

Keller, K. L. (2001): Building Customer-Based Brand Equity: A Blueprint for Creating Strong Brands, in Marketing Science Institute Working Paper, MSI Report, No. 01-107, Cambridge.

Keller, K. L. (2003a): Strategic Brand Management: Building, Measuring and Managing Brand Equity, 2. Auflage, Upper Saddle River: Prentice Hall.

Keller, K. L. (2003b): Brand Synthesis: The Multidimensionality of Brand Knowledge, in: Journal of Consumer Research, 29 (March), S. 595-600.

Keller, K. L. (2008): Strategic Brand Management: building, measuring and managing brand equity, 3. Aufl., New York.

Kenning, P. (2002): Customer Trust Management, Wiesbaden.

Klante, O. (2003): Identifikation und Erklärung von Markenerosion, Leipzig.

Klumbies, P.-G. (2001): Der Mythos bei Markus, Hamburg.

Kotler, P.; Bliemel, F. (1999): Marketing-Management, 9. Auflage, Stuttgart.

Kotler, P.; Keller, K. L. (2007): Marketing Management, 12. Auflage, Upper Saddle River, NJ.

Kotler, P.; Keller, K. L.; Bliemel, F. (2007): Marketing-Management. Strategien für wertschafendes Handeln, 12. aktualisierte Auflage, München.

Kotler, P.; Bliemel, F. (1993): Marketing-Management, 7. Auflage, Stuttgart.

Kriegbaum, C. (2001): Markencontrolling, München.

Kroeber-Riel, W.; Esch, F.-R. (2004): Strategie und Technik der Werbung: Verhaltenswissenschaftliche Ansätze, 6. Auflage, Stuttgart.

Kroeber-Riel, W.; Weinberg, P. (2003): Konsumentenverhalten, 8. Auflage, München.

Kromrey, H. (2006): Empirische Sozialforschung, 11. Auflage, Stuttgart.

Kullmann, M. (2006): Strategisches Mehrmarkencontrolling, Wiesbaden.

Kuß, A.; Tomczak, T. (2000): Käuferverhalten, 2. Aufl., Stuttgart.

Kutschker, M.; Schmid, S. (2008): Internationales Management, 6. Auflage, München.

Leisner, A. (2002): Kontinuität als Verfassungsprinzip, München.

Leitherer, E. (2001): Geschichte der Markierung und des Markenwesens, in: Bruhn, M. (Hrsg.): Die Marke: Symbolkraft eines Zeichensystems, Bern, Stuttgart, Wien, S. 55-74.

Low, G.; Lamb, C. W. (2000): The measurement and dimensionality of brand associations, in: Journal of Product & Brand Management, 9 (6), S. 350-368.

Lutz, R. J.; Resch, R.W. (1972): More in Testing the Howard-Sheth Model of Buyer Behavior, in: JoMR, 1972, S. 344-345.

Manager-Magazin (2009): Nutzfahrzeuge - Ungebremste Talfahrt, Artikel vom 27.05.2009, im Internet: http://www.manager-magazin.de/unternehmen/artikel/0,2828,627081,00.html, abgerufen am 13.06. 2009.

Marinell, G. (1995): Multivariate Verfahren, 4. Auflage, München, Wien, Oldenburg.

Markengesetz (1995): Gesetz über den Schutz von Marken und sonstigen Kennzeichen. § 3 Als Marke schutzfähiges Zeichen, Bundesrepublik Deutschland.

Mazanec, J. (1978): Strukturmodelle des Konsumentenverhaltens. Empirische Zugänglichkeit und praktischer Einsatz zur Vorbereitung absatzwirtschaftlicher Positionierungs- und Segmentierungsentscheidungen, Wien.

McAllister, D. J. (1995): Affect- and cognition-based trust as foundations for interpersonal cooperation in organizations, in: Academy of Management Journal, 38 (1), S. 24-59.

Meffert, H. (2000): Marketing. Grundlagen marktorientierter Unternehmensführung. Konzepte - Instrumente - Praxisbeispiele, 9. Auflage, Wiesbaden.

Meffert, H. (2006): Was macht eine starke Marke aus? Identitätsorientierte Markenführung als Fundament, in Herbrand, N. O.; Röhrig, S. (Hrsg.): Die Bedeutung der Tradition für die Markenkommunikation -Konzepte und Instrumente zur ganzheitlichen Ausschöpfung des Erfolgspotenzials Markenhistorie, S. 126-149.

Meffert, H.; Burmann, C. (1996): Identitätsorientierte Markenführung - Grundlagen für das Markenmanagement von Markenportfolios, Arbeitspapier Nr. 100 der Wissenschaftlichen Gesellschaft für Marketing und Unternehmensführung e.V., Münster.

Meffert, H./Burmann, C. (2002): Theoretisches Grundkonzept der identitätsorientierten Markenführung, in: Meffert, H./Burmann, C./Koers, M. (Hrsg.): Markenmanagement – Grundfragen der identitätsorientierten Markenführung, Wiesbaden, S. 35-72.

Meffert, H.; Burmann, C.; Koers, M. (2002): Stellenwert und Gegenstand des Markenmanagement, in: Meffert, H.; Burmann, C.; Koers, M (Hrsg.): Markenmanagement. Grundfragen der identitätsorientierte Markenführung, Wiesbaden, S. 3-15.

Meffert, H.; Burrmann, C.; Kirchgeorg, M. (2008): Marketing. Grundlagen marktorientierter Unternehmensführung. Konzepte - Instrumente - Praxisbeispiele, 10. Auflage, Wiesbaden.

Meffert, H.; Perrey, J. (2005a): Mehrmarkenstrategien - identitätsorientierte Führung von Markenportfolios, in: Meffert, H.; Burmann, C.; Koers, M. (Hrsg.): Markenmangement. Identitätsorientierte Markenführung und praktische Umsetzung, 2. Auflage, Wiesbaden, S. 214-243.

Meffert, H.; Perrey, J. (2005b): Mehrmarkenstrategien - Ansatzpunte für das Management von Markenportfolios, in: Esch, F.-R. (Hrsg.): Moderne Markenführung. Grundlagen - Innovative Ansätze - Praktische Umsetzung, 4. Auflage, Wiesbaden, S. 811-838.

Mellerowicz, K. (1963): Markenartikel. Die ökonomischen Gesetze ihrer Preisbildung und Preisbindung, 2. Auflage, Berlin.

Menniger, J.; Robers, D. (2006): Markenwert - Paradigmenwechsel im Marketing?, in: Herbrand, N. O.; Röhrig, S. (Hrsg.): Die Bedeutung der Tradition für die Markenkommunikation -Konzepte und Instrumente zur ganzheitlichen Ausschöpfung des Erfolgspotenzials Markenhistorie, S. 239-259.

Mercedes-Benz Classic (2009): Tradition - Zukunft braucht Herkunft, im Internet: http://www.mercedes-benz-classic.com/content/classic/retailer/classic/de/home/home/home/classic.html, abgerufen am 04.06.2009.

Michell, P.; Reast, J.; Lynch, J. (1998): Exploring the Foundation of Trust, in: Journal of Marketing Management, 14 (Jan.-April), S. 159-172.

Möll, T. (2007): Messung und Wirkung von Markenemotionen. Neuromarketing als neuer verhaltenswissenschaftlicher Ansatz, Wiesbaden.

Müller, B. (2007): Porters Konzept generischer Wettbewerbsstrategien. Präzisierung und empirische Überprüfung, Wiesbaden.

Müller-Hagedorn, L. (1986): Das Konsumentenverhalten. Grundlagen für die Marktforschung, Wiesbaden.

Nohlen, D.; Schultze, R.-O. (2002): Lexikon der Politikwissenschaft, Bd. 1, A-M, 2. Auflage, München.

Nöllke, M. (2006): Kreativitätstechniken, 5. Auflage, Planegg.

Ogilvy, D. (1951): Speech to Amarican Marketing Association, Chicago: AMA Proceedings.

OICA (2009): 2007 Production Statistics, im Internet: http://oica.net/category/production-statistics/, abgerufen am 12.06.2009.

Okamuro, H. (1992): Entwicklung des Abhängigkeitsverhältnisses im Zuliefer-Abnehmer-Netzwerk mit besonderer Berücksichtigung der Auswirkungen der neuen Kommunikationstechnologie in der deutschen Automobilbranche, Bonn.

Olins, W. (1990): Corporate Identity: Strategie und Gestaltung, Frankfurt/Main.

Olins, W. (2003): On Brand, London.

Pallant, J. (2006): SPSS Survival Manual - A Step by Step Guide to Data Analysis Using SPSS for Windows, 2. Auflage, Maidenhead.

Park, C. S.; Srinivasan, V. (1994): A Surevey-Based Method for Measuring an Understanding Brand Equity and its Extendibility, in: Journal of Marketing Research, 31 (2), S. 271-288.

Pepels, W. (2004): Marketing, 4. Auflage, Oldenbourg.

Pepels, W. (2005): Käuferverhalten. Basiswissen für Kaufentscheidungen von Konsumenten und Organisationen, Berlin.

Percy, L.; Rossiter, J. R.; Elliott, R. (2002): Strategic Advertising Management, Oxford.

Perrey, J.; Riesenbeck, H. (2003): Starke Marken sind kein Zufall, in: Marketing Journal, Nr. 3, Mai/Juni, S. 46-48.

Plüss, J. (2005): Markenmonopol für Qualität - Das Beispiel Miele, in Meffert, H.; Burmann, C.; Koers, M. (Hrsg.): Markenmanagement. Identitätsorientierte Markenführung und praktische Umsetzung, 2. Auflage, Wiesbaden, S. 649-665.

Pospeschill, M. (2005): SPSS für Fortgeschrittene, 5. Auflage, Saarbrücken.

Prießnitz, H. (2006): Mehr als ein Zeichen: Die Geschichte der Marke. Von der experimentellen Vermarktungsidee zur weltumspannenden Strategie, in: Herbrand N. O./Röhrig, S. (Hrsg.): Die Bedeutung der Tradition für die Markenkommunikation – Konzepte und Instrumente zur ganzheitlichen Ausschöpfung des Erfolgspotenzials Markenhistorie, Stuttgart, S. 3-22.

Pritchard, M. P.; Howard, D. R.; Havitz, M. E. (1992): Loyalty Measurement: A Critical Examination and Theoretical Extension, in: Leisure Sciences, 14 (2), S. 155-164.

Radtke, P.; Abele, E.; Zielke, A. E. (2004): Die smarte Revolution in der Automobilindustrie, Frankfurt, Wien.

Raffée, H.; Fritz, W.; Wiedmann, P. (1994): Marketing für öffentliche Betriebe, Stuttgart.

Raimondo, M. A. (2000): The measurement of trust in marketing studies: a review of models and methodologies, Competitive Paper, presented at the 16th Annual IMP Conference, Bath.

Reinecke, J. (2005): Strukturgleichungsmodelle in den Sozialwissenschaften, München.

Ridder, H.-G. (1999): Personalwirtschaftslehre, Stuttgart.

Riedel, F. (1996): Die Markenwertmessung als Grundlage strategischer Markenführung, Heidelberg.

Riesenbech, H.; Perrey, J. (2004): Frankfurt/Wien Mega-Macht Marke - Erfolg messen, machen, managen, Heidelberg.

Ringle, T. (2006): Strategische identitätsorientierte Markenführung, Wiesbaden.

Ripperger, T. (1998): Ökonomie des Vertrauens - Analyse eines Organisationsprinzips, Tübingen.

Rother, A. (2006): Potenziale der Historie für die interne Kommunikation am Beispiel der Marke Mercedes-Benz: "Zukunft braucht Herkunft", in: Herbrand, N. O.; Röhrig, S. (Hrsg.): Die Bedeutung der Tradition für die Markenkommunikation -Konzepte und Instrumente zur ganzheitlichen Ausschöpfung des Erfolgspotenzials Markenhistorie, S. 379-396.

Ruge, H.-D. (1988): Die Messung bildhafter Konsumentenerlebnisse, Heidelberg.

Sattler, H. (1997): Monetäre Bewertung von Markenstrategien für neue Produkte, Stuttgart.

Sattler, H. (2001): Markenpolitik, Stuttgart.

Schiele, T. P. (1999): Markenstrategien wachstumsorientierter Unternehmen, Wiesbaden.

Schilder, H. (2007): Faszination Oldtimer. Automuseen in Deutschland und im benachbarten Ausland, Stuttgart.

Schimanski, A. (2004): Der Wert der Marke, Markenbewertungsverfahren für ein erfolgreiches Markenmanagement, München.

Schmidt, M. (2006): Die Bedeutung des Markenmanagements zur Jahrtausendwende, in: Herbrand, N. O.; Röhrig, S. (Hrsg.): Die Bedeutung der Tradition für die Markenkommunikation - Konzepte und Instrumente zur ganzheitlichen Ausschöpfung des Erfolgspotenzials Markenhistorie, S. 53-75.

Schmidt, S. (2008): Delegation von Preiskompetenz an den Verkaufsaußendienst, Wiesbaden.

Schmidt, V. (1993): Die Mercedes-Benz AG als Dominant Firm auf dem Nutzfahrzeugmarkt - Zur wettbewerbspolitischen Problematik der Dominant Firm, Hamburg.

Schneider, W. (2007): Marketing, Heidelberg.

Schnell, R.; Hill, P. B.; Esser, E. (2005): Methoden der empirischen Sozialforschung, 7. Auflage, München.

Schorn, R. (2005): Kollektive unbewusste Markenkenntnis, Innsbruck.

Schupp, M.; Ade, J.; Plogmaker, A. (2007): VW-Nutzfahrzeuge, Bruchköbel.

Schürmann, P. (1998): Werte und Konsumentenverhalten: Eine empirische Untersuchung zum Einfluß von Werthaltung auf das Konsumentenverhalten, München.

Selnes, F. (1993): An examination of the effect of product performance on brand reputation, satisfaction and loyalty, in: European Journal of Marketing, 27 (9), S. 19-35.

Skiera, B.; Albers, S. (2000): Regressionsanalyse, in: Herrmann, A.; Homburg, C. (Hrsg.): Marktforschung, 2. Auflage, Wiesbaden, S. 203-236.

Smith, C. (1988): Zur Identifikation von Marktsegmenten in der Automobilindustrie, Bonn.

Solomon, M.; Bamossy, G.; Askegaard, S. (2001): Konsumentenverhalten. Der Europäische Markt, München.

Srivastava, R. K.; Shocker, A. D. (1991): Brand Equity: A Perspective on ist Meaning and Measurement, Cambridge: Report No. 91-124, Marketing Science Institute.

Statistisches Bundesamt Deutschland (2009): Bevölkerungsstand, im Internet: http://www.destatis.de/jetspeed/portal/cms/Sites/destatis/Internet/DE/Navigation/Statistiken/Bevoelkerung/Bevoelkerungsstand/Bevoelkerungsstand.psml;jsessionid=4D8D5910DC63EDA9A1EFA64CA33ADB26.internet, abgerufen am 12.06.2009.

Steinmann, H.; Schreyögg, G. (2005): Management - Grundlage der Unternehmensführung, 6. Auflage, Wiesbaden.

Studer, B. (1844): Lehrbuch der physikalischen Geographie und Geologie, Bern.

Tauch, P. (2008): Markentradition als strategischer Erfolgsfaktor in der Automobilindustrie, in: Diez, W.; Tauch, P. (Hrsg.): Tradition und Marke. Erfolgsfaktoren in der Automobilindustrie, S. 11-20.

Terlutter, R. (1999): Lebensstilorientiertes Kulturmarketing. Besucherorientierung bei Ausstellungen und Museen, Deutscher Universitäts-Verlag.

Thiemer, J./Stejskal, A. (2006): Kommunikation der Markenhistorie am Point of Sale. Beispielhaft dargestellt an der Vertriebsorganisation von Mercedes-Benz, in: Herbrand N. O./Röhrig, S. (Hrsg.): Die Bedeutung der Tradition für die Markenkommunikation – Konzepte und Instrumente zur ganzheitlichen Ausschöpfung des Erfolgspotenzials Markenhistorie, Stuttgart, S. 525-546.

Tomczak, T./Kerstock, J. (2004): Unternehmensmarken, in: Bruhn, M. (Hrsg.): Handbuch Markenführung: Kompendium zum erfolgreichen Markenmanagement: Strategien – Instrumente – Erfahrungen, Bd. 1, 2. Aufl., Wiesbaden, S. 163-185.

Trommsdorff, V. (2002): Konsumentenverhalten, 4. Auflage, Stuttgart.

Trommsdorff, V. (2004): Konsumentenverhalten, 6. Auflage, Stuttgart.

Unger, M. (1998): Die Automobil-Kaufentscheidung - Ein theoretischer Erklärungsansatz und seine empirische Überprüfung, Frankfurt.

Urde, M. (2003): Core value-based corporate brand building, in: European Journal of Marketing, Vol. 37, No. 7/8, S. 1017-1040.

Urde, M.; Greyser, S. A.; Balmer, J. M. T. (2007): Corporate Brands With A Heritage, in: Journal of Brand Management, Vol. 15, No.1, September, S. 4-19.

Vázquez, R.; del Rio, A. B.; Iglesias, V. (2002): Consumer-based Brand Equity: Development and Validation of a Measurement Instrument, in: Journal of Marketing Management, 18, S. 27-48.

VDA (1989): Tatsachen und Zahlen aus der Kraftverkehrswirtschaft, 53. Folge, Frankfurt/Main.

VDA (1999): Tatsachen und Zahlen aus der Kraftverkehrswirtschaft, 63. Folge, 1999, Frankfurt/Main.

VDA (2009a): Jahreszahlen, im Internet: http://www.vda.de/de/zahlen/jahreszahlen/index.html, abgerufen am 12.06.2009.

VDA (2009b): Exporte bleiben schwach - Produktion weiterhin gedrosselt, Artikel vom 08. Mai 2009, im Internet: http://www.vda.de/de/meldungen/news/20090508.html, abgerufen am 13.06.2009.

Verband der Automobilindustrie (VDA) (2008): Auto Jahresbericht 2008, im Internet: http://www.vda.de/de/publikationen/jahresberichte/index.html, abgerufen am 12.06.2009.

Völker, J. (2006): Museen als Erlebniswelten der Markentradition. Potential und Entwicklung von Museen am Beispiel des neuen Mercedes-Benz Museums, in: Herbrand, N. O.; Röhrig, S. (Hrsg.): Die Bedeutung der Tradition für die Markenkommunikation -Konzepte und Instrumente zur ganzheitlichen Ausschöpfung des Erfolgspotenzials Markenhistorie, S. 427-451.

Volkswagen AG (2008): Geschäftbericht 2008, im Internet: http://www.volkswagenag.com/vwag/vwcorp/info_center/de/publications/2009/03/GB_2008.-bin.acq/qual-BinaryStorageItem.Single.File/GB_2008_d.pdf, abgerufen am 13.06.2009.

Volkswagen AG (2009): Nachhaltigkeit und Verantwortung, im Internet: http://www.volkswagenag.com/vwag/vwcorp/content/de/sustainability_and_responsibility.html, abgerufen am 03.06.09.

Volkswagen AG Homepage (2009): Offizieller Internetauftritt von Volkswagen AG, im Internet unter: http://www.volkswagenag.com, abgerufen am 20.06.2009.

Volkswagen Nutzfahrzeuge (2009): Chronik - Volkswagen Nutzfahrzeuge, im Internet: http://www.volkswagen-nutzfahrzeuge.de/de/de/unternehmen/chronikuebersicht.html, abgerufen am 04.06.2009.

Volkswagen Nutzfahrzeuge Homepage (2009): Offizieller Internetauftritt von Volkswagen Nutzfahrzeuge, im Internet unter: http://www.volkswagen-nutzfahrzeuge.de, abgerufen am 20.06.2009.

VW AG (2009): Produktionsstandorte, im Internet: http://www.volkswagenag.com/vwag/vwcorp/content/de/the_group/production_plants.html, abgerufen am 13.06.2009.

Weinberg, P. (1999): Verhaltenswissenschaftliche Aspekte der Kundenbindung, in: Bruhn, M.; Homburg, C. (Hrsg.): Handbuch Kundenmanagement: Grundlagen - Konzepte - Erfahrungen, 2. Auflage, Wiesbaden, S. 39-53.

Wenske, A. V. (2008): Management und Wirkungen von Marke-Kunden-Beziehungen im Konsumgüterbereich, Bremen.

Wetlaufer, S. (2001): The perfect paradox of Star Brands: An interview with Bernard Arnault of LVMH , in: Harvard Business Review, October, S. 116-123.

Wiedmann, K. P.; Schmidt, H. J. (1999): Erfolgsfaktoren des Markenmanagements. Hintergrund und Ergebnisse einer empirischen Studie, Schriftenreihe Marketing Management, Hannover.

Wiedmann, K.-P. (2000): Brand and Corporate Identity. The Presentation of a Strategic Management Tool, Paper presented at the Corporate Reputation Conference Copenhagen, Copenhagen und Hannover.

Wiedmann, K.-P. (2004): Markenführung und Corporate Identity, in: Bruhn, M. (Hrsg.): Handbuch Markenführung: Kompendium zum erfolgreichen Markenmanagement. Strategien – Instrumente – Erfahrungen, Bd. 2, 2. Aufl., Wiesbaden, S. 1411-1439.

Wiedmann, K.-P. (2006): Die Rolle der Marke in der Gesellschaft, in: Herbrand N. O./Röhrig, S. (Hrsg.): Die Bedeutung der Tradition für die Markenkommunikation – Konzepte und Instrumente zur ganzheitlichen Ausschöpfung des Erfolgspotenzials Markenhistorie, Stuttgart, S. 23-51.

Wiemann, K.-P., Bachmann, F., Gückel, R. (2008): Markentradition als strategische Ressource im Markenmanagement, Institut für Marketing und Management (Hrsg.): Schriftenreihe Marketing Management.

Wiedmann, K.-P.; Kilian, T.; Duvenhorst, C.; Walsh, G. (2002): Ansatzpunkte eines Marketing auf liberalisierten Märkten: Was können GVU vom Strommarkt lernen?, Hannover.

Wiedmann, K.-P.; Kreutzer, R. (1989): Strategische Marketingplanung - Ein Überblick, in: Raffée, H.; Wiedmann, K.-P. (Hrsg.): Strategisches Marketing, 2. Auflage, Stuttgart, S. 61-141.

Wolf, J. (2008): Organisation, Management, Unternehmensführung: Theorien, Praxisbeispiele und Kritik, 3. Auflage, Wiesbaden.

Zajonc, R. B. (1968): Attitudinal Effects of Mere Exposure, in: Journal of Personality and Social Psychology, 9 (2), S. 1-27.

Anhang

Anhangsverzeichnis

Anhang 1: Operationalisierung der Traditionsbestandteile

Faktor	Items
Imaginations-stärke	v_36 Ich habe ein sehr klares Bild der Marke VWN vor meinen Augen. v_37 Ich kann mir das Logo der Marke VWN sehr gut vorstellen. v_38 Die Marke VWN ist sehr visionär.
Vertrautheit	v_39 Die Marke VWN ist mir sehr vertraut. v_40 Die Marke VWN erkenne ich auf Anhieb. v_41 Zu der Marke VWN habe ich eine sehr hohe Verbundenheit.
Mythos	v_42 Die Marke VWN bringe ich mit gewissen Geschichten in Verbindung. v_43 Die Marke VWN hat einen starken Kultcharakter. v_44 Die Marke VWN ist eine Legende unter den Fahrzeugher-stellern. v_45 Die Marke VWN ist von Sagen umgeben.
Glaubwürdig-keit	v_58 Die Marke VWN steht für Ehrlichkeit. v_59 Die Marke VWN steht für Glaubwürdigkeit. v_60 Die Marke VWN steht für Aufrichtigkeit.
Bekanntheits-wert	v_61 VWN ist eine Marke, der man oft begegnet. v_62 Die Marke VWN kenne ich besser als andere Marken. v_63 Die Marke VWN ist sehr populär. v_64 VWN ist eine Marke, von der man sehr oft hört.
Identitätswert	v_65 Die Marke VWN ist eine charakterstarke Marke. v_66 Mit der Marke VWN kann ich mich sehr gut identifizieren. v_67 Die Marke VWN hat eine unverwechselbare Identität.
Identitäts-relelevanz	v_79 Wenn jemand die Marke VWN lobt, fühlt es sich für mich wie ein Kompliment an. v_80 Ich kann mich mit anderen VWN Nutzern identifizieren. v_81 Für mich persönlich hat die Marke VWN eine persönliche Bedeutung. v_82 Mir ist wichtig, wie andere Leute über die Marke VWN den-ken. v_83 Die Erfolge der Marke VWN sind auch meine Erfolge.
Differenzier-ungswert	v_84 Die Marke VWN sticht stets unter anderen Marken hervor. v_85 Die Marke VWN hebt sich deutlich von anderen Marken ab. v_86 Die Marke VWN hat einen sehr eigenen Charakter.
Prestigewert	v_87 Das Prestige der Marke VWN ist sehr hoch. v_88 Die Marke VWN genießt ein hohes Ansehen. v_89 Die Marke VWN genießt eine hohe Wertschätzung. v_90 Die Marke VWN hat einen sehr hohen Status.
Kontinuität	v_103 Die Marke VWN vermittelt eine hohe Sicherheit. v_104 Die Marke VWN hat ein sehr beständiges Auftreten. v_105 Die Marke VWN wirkt auf mich sehr konstant. v_106 Auf die Marke VWN ist stets Verlass.
Erfolgssinn-	v_107 Mit der Marke VWN verbinde ich positive Bilder.

bilder	v_108 Mit der Marke VWN verbinde ich sehr erfolgreiche Bilder. v_109 Die Marke VWN steht für Erfolg.
Bindungswert	v_110 Ich fühle mich der Marke VWN sehr zugehörig. v_111 Ich fühle mich an die Marke VWN sehr gebunden. v_112 Ich fühle mich zu der Marke VWN sehr stark hingezogen.
Orientierungs-wert	v_113 Bei einem Fahrzeugvergleich bildet die Marke VWN den Orientierungspunkt. v_114 Die Marke VWN setzt den Bewertungsmaßstab für vergleichbare Marken. v_115 Die Marke VWN setzt den Maßstab in punkto Qualität. v_116 Die Marke VWN setzt den Maßstab in punkto Service.
Kulturelles Wert-sediment	v_128 Die Produkte der Marke VWN verkörpern einen sehr hohen kulturellen Wert. v_129 Die Marke VWN zeichnet sich durch eine sehr beständige Kultur aus. v_130 Die Produkte der Marke VWN sind ein sehr hohes Kulturgut. v_131 Die Marke VWN steht für sehr konstante Werte. v_132 Die Marke VWN stellt zeitgemäße Produkte her.
Kulturwert	v_133 Die Produkte von VWN bieten eine sehr hohe Lebensqualität. v_134 Die Fahrzeuge von VWN stehen für einen gewissen Lebensstil. v_135 Die Produkte von VWN verkörpern ein bestimmtes Lebensgefühl. v_136 Die Produkte der Marke VWN stehen für eine gewisse Art zu leben.

Quelle: Eigene Darstellung

Anhang 2: Onlineforen der Datenerhebung

Zur Datenerhebung verwendete Onlineforen	
www.bullibook.de	www.t1-t5.de
www.bulli.org	www.t4forum.de
www.bulli-board.de	www.t5-board.de
www.bulliforum.com	www.vw-bulli.de
www.bulli-forum.de	www.vwbuspinwand.de
www.bullikartei.de	www.vwbuswelt.de
www.busfreunde.de	www.vwcaddy-forum.de
www.forumvwbus.de	www.vw-t5-forum.de

Quelle: Eigene Darstellung

Anhang 3: Fragebogen

Start 2009-05-27 00:00:00
Ende 2010-08-10 00:00:00

Fragebogen

1 [Seiten-ID: 432380] [L]

Willkommen

Liebe Teilnehmerinnen und Teilnehmer,

wir wissen **Ihre unterstützende Mitarbeit**, die Sie mit Ihrem Engagement zur Teilnahme an dieser wissenschaftlichen Studie eingehen, **sehr zu schätzen!**

Die Umfrage wird vom Institut für Marketing und Management der Leibniz Universität Hannover durchgeführt. Die Umfrage dauert ca. 15 Minuten. Alle Angaben werden selbstverständlich streng vertraulich und anonym behandelt.

Ziel der Studie ist es, die Tradition der Marke VW Nutzfahrzeuge zu untersuchen.

Mit Ihrer Teilnahme nehmen Sie als kleines Dankeschön an der Verlosung der folgenden Preise teil:

1. Preis: Amazon-Gutschein im Wert von 50 EUR
2. - 6. Preis: Amazon-Gutschein im Wert von je 20 EUR

amazon.de

Beachten Sie bei der Beantwortung der Fragen bitte Folgendes:

- Wenn keine der vorgegebene Antworten „passen" sollte, kreuzen Sie bitte die Antwort an, die für Sie **am ehesten zutrifft.**
- Überlegen Sie bei Ihren Antworten nicht allzu lange, sondern antworten Sie so **spontan wie möglich** und lassen Sie sich ggf. von Ihrem **Bauchgefühl** leiten.

Herzlichen Dank für Ihre unterstützende Mitarbeit bei dieser wissenschaftlichen Studie!

2 [Seiten-ID: 432381] [L]

Einleitungstext

Kurzinformation über VW Nutzfahrzeuge

VW Nutzfahrzeuge mit Sitz in Hannover ist eine eigenständige Marke der VW Volkswagen AG.

Die Modellpalette von VW Nutzfahrzeuge umfasst Kleintransporter in den verschiedensten Ausführungen. Hierzu zählen neben reinen Nutzfahrzeugen, wie z.B. der VW Caddy oder der VW Crafter, auch Freizeit & Reisemobile, wie z.B. der VW Transporter T5 "Multivan".

VW Nutzfahrzeuge kann auf eine **besonders langjährige Erfolgsgeschichte** zurück blicken, wie z.B. der seit über 60 Jahren andauernde Markterfolg des VW Busses „BULLI" beweist.

1 von 9 21.07.2009 08:12

zu Anhang 3

3 [Seiten-ID: 432386] [L]

Markenbekanntheit VWN

Bitte beantworten Sie uns zunächst, inwiefern Ihnen folgende Unternehmensmarke bekannt ist und wie Sie deren jeweilige Markentradition aus Ihrer ganz persönlichen Wahrnehmung heraus einschätzen.

	Stimme gar nicht zu	stimme eher nicht zu	unent-schieden	stimme eher zu	stimme voll und ganz zu
Die Marke Volkswagen Nutzfahrzeuge (VWN) ist mir sehr gut bekannt.	○	○	○	○	○
VWN ist aus meiner Sicht eine besonders traditionsreiche Marke.	○	○	○	○	○

Nutzfahrzeuge

4 [Seiten-ID: 433272] [L]

Markenbekanntheit VW

Bitte beantworten Sie auch hier, inwiefern Ihnen folgende Unternehmensmarke bekannt ist und wie Sie deren jeweilige Markentradition aus Ihrer ganz persönlichen Wahrnehmung heraus einschätzen.

	Stimme gar nicht zu	stimme eher nicht zu	unent-schieden	stimme eher zu	stimme voll und ganz zu
Die Marke Volkswagen (VW) ist mir sehr gut bekannt.	○	○	○	○	○
VW ist aus meiner Sicht eine besonders traditionsreiche Marke.	○	○	○	○	○

5 [Seiten-ID: 432392] [L]

Nutzer

Sind Sie ein Nutzer der Marke VW Nutzfahrzeuge (VWN), d.h. sind Sie mindestens einmal ein Fahrzeug der Marke VWN selbst gefahren, wie z.B. Caddy, Transporter, Crafter oder andere?

○ ja ○ nein

6.1 [Seiten-ID: 433126] [L]

Mitfahrer

Sind Sie schon einmal mit einem Fahrzeug der Marke VW Nutzfahrzeuge (VWN) als Beifahrer bzw. Passagier mitgefahren, wie z.B. Caddy, Transporter, Crafter oder andere?

○ ja ○ nein

7 [Seiten-ID: 436749] [L]

Kaufverhalten

Wenn Sie ein Nutzfahrzeug benötigen, wie wahrscheinlich wäre es, dass Sie sich für ein Fahrzeug der Marke VWN entscheiden?

sehr unwahrscheinlich ○ ○ ○ ○ ○ ○ ○ sehr wahrscheinlich

8 [Seiten-ID: 433133] [L]

zu Anhang 3

Traditionsbewusstsein

Bitte geben Sie an, inwieweit Sie traditionsbewusst sind.

überhaupt nicht traditionsbewusst ○ ○ ○ ○ ○ ○ ○ sehr traditionsbewusst

9 [Seiten-ID: 433162] [L]

Wahrnehmung 1

Bitte antworten Sie nun auf folgende Fragen zur allgemeinen Wahrnehmung der Marke VW Nutzfahrzeuge.

	stimme gar nicht zu	stimme eher nicht zu	unent-schieden	stimme eher zu	stimme voll und ganz zu
Die Marke VWN ist von Sagen umgeben.	○	○	○	○	○
Die Marke VWN ist mir sehr vertraut.	○	○	○	○	○
Zu der Marke VWN habe ich eine sehr hohe Verbundenheit.	○	○	○	○	○
Die Marke VWN ist sehr visionär.	○	○	○	○	○
Die Marke VWN bringe ich mit gewissen Geschichten in Verbindung.	○	○	○	○	○
Die Marke VWN erkenne ich auf Anhieb.	○	○	○	○	○
Die Marke VWN ist eine Legende unter den Fahrzeugherstellern.	○	○	○	○	○
Ich habe ein sehr klares Bild der Marke VWN vor meinen Augen.	○	○	○	○	○
Die Marke VWN hat einen starken Kultcharakter.	○	○	○	○	○
Ich kann mir das Logo der Marke VWN sehr gut vorstellen.	○	○	○	○	○

10 [Seiten-ID: 433179] [L]

Symbolkraft

Bitte geben Sie an, inwieweit VWN eine Marke mit sehr hoher Symbolkraft ist.

überhaupt keine Symbolkraft ○ ○ ○ ○ ○ ○ ○ sehr hohe Symbolkraft

11 [Seiten-ID: 433182] [L]

Wahrnehmung 2

Bitte antworten Sie nun auf weitere Fragen zur allgemeinen Wahrnehmung der Marke VW Nutzfahrzeuge.

	Stimme gar nicht zu	stimme eher nicht zu	unent-schieden	stimme eher zu	stimme voll und ganz zu
Die Marke VWN steht für Ehrlichkeit.	○	○	○	○	○
VWN ist eine Marke, von der man sehr oft hört.	○	○	○	○	○
VWN ist eine Marke, der man oft begegnet.	○	○	○	○	○
Die Marke VWN hat eine unverwechselbare Identität.	○	○	○	○	○
Die Marke VWN ist eine charakterstarke Marke.	○	○	○	○	○
Die Marke VWN steht für Aufrichtigkeit.	○	○	○	○	○
Die Marke VWN kenne ich besser als andere Marken.	○	○	○	○	○
Mit der Marke VWN kann ich mich sehr gut identifizieren.	○	○	○	○	○
Die Marke VWN steht für Glaubwürdigkeit.	○	○	○	○	○
Die Marke VWN ist sehr populär.	○	○	○	○	○

12 [Seiten-ID: 433187] [L]

Geschichtsbewusstsein

Bitte geben Sie an, inwieweit sich die Marke VWN ihrer Geschichte bewusst ist.

überhaupt kein Geschichtsbewusstsein ○ ○ ○ ○ ○ ○ ○ sehr hohes Geschichtsbewusstsein

13 [Seiten-ID: 433192] [L]

Wahrnehmung 3

Bitte antworten Sie nun auf folgende Fragen zu Ihrer Wahrnehmung der Marke VW Nutzfahrzeuge.

	Stimme gar nicht zu	stimme eher nicht zu	unent-schieden	stimme eher zu	stimme voll und ganz zu
Mir ist wichtig, wie andere Leute über die Marke VWN denken.	○	○	○	○	○

zu Anhang 3

Die Marke VWN hat einen sehr hohen Status.	○	○	○	○	○
Das Prestige der Marke VWN ist sehr hoch.	○	○	○	○	○
Ich kann mich mit anderen VWN Nutzern identifizieren.	○	○	○	○	○
Die Marke VWN sticht stets unter anderen Marken hervor.	○	○	○	○	○
Wenn jemand die Marke VWN lobt, fühlt es sich für mich wie ein Kompliment an.	○	○	○	○	○
Die Erfolge der Marke VWN sind auch meine Erfolge.	○	○	○	○	○
Für mich persönlich hat die Marke VWN eine persönliche Bedeutung.	○	○	○	○	○
Die Marke VWN hebt sich deutlich von anderen Marken ab.	○	○	○	○	○
Die Marke VWN genießt ein hohes Ansehen.	○	○	○	○	○
Die Marke VWN genießt eine hohe Wertschätzung.	○	○	○	○	○
Die Marke VWN hat einen sehr eigenen Charakter.	○	○	○	○	○

14 [Seiten-ID: 433200] [L]

Langlebigkeit

Bitte geben Sie an, inwieweit die Marke VWN für eine besonders hohe Langlebigkeit steht.

steht für überhaupt keine Langlebigkeit ○ ○ ○ ○ ○ ○ ○ steht für eine sehr hohe Langlebigkeit

15 [Seiten-ID: 433203] [L]

Wahrnehmung 4

Bitte beantworten Sie nun kurz die weiteren Fragen zur allgemeinen Wahrnehmung der Marke VW Nutzfahrzeuge.

	Stimme gar nicht zu	stimme eher nicht zu	unent-schieden	stimme eher zu	stimme voll und ganz zu
Die Marke VWN setzt den Bewertungsmaßstab für vergleichbare Marken.	○	○	○	○	○
Bei einem Fahrzeugvergleich bildet die Marke VWN den Orientierungspunkt.	○	○	○	○	○
Die Marke VWN hat ein sehr beständiges Auftreten.	○	○	○	○	○
Ich fühle mich an die Marke VWN sehr gebunden.	○	○	○	○	○
Mit der Marke VWN verbinde ich positive Bilder.	○	○	○	○	○
Ich fühle mich der Marke VWN sehr zugehörig.	○	○	○	○	○
Ich fühle mich zu der Marke VWN sehr stark hingezogen.	○	○	○	○	○
Die Marke VWN setzt den Maßstab in punkto Qualität.	○	○	○	○	○
Die Marke VWN setzt den Maßstab in punkto Service.	○	○	○	○	○
Mit der Marke VWN verbinde ich sehr erfolgreiche Bilder.	○	○	○	○	○
Die Marke VWN vermittelt eine hohe Sicherheit.	○	○	○	○	○
Die Marke VWN wirkt auf mich sehr konstant.	○	○	○	○	○
Die Marke VWN steht für Erfolg.	○	○	○	○	○
Auf die Marke VWN ist stets Verlass.	○	○	○	○	○

16 [Seiten-ID: 433208] [L]

Erfolgsgeschichte

Bitte geben Sie an, inwieweit die Marke VWN für eine sehr lange Erfolgsgeschichte steht.

seht für überhaupt keine Erfolgsgeschichte ○ ○ ○ ○ ○ ○ ○ steht für eine sehr lange Erfolgsgeschichte

17 [Seiten-ID: 433222] [L]

Wahrnehmung 5

	Stimme gar nicht zu	stimme eher nicht zu	unent-schieden	stimme eher zu	stimme voll und ganz zu
Die Produkte der Marke VWN sind ein sehr hohes Kulturgut.	○	○	○	○	○
Die Fahrzeuge von VWN stehen für einen gewissen Lebensstil.	○	○	○	○	○
Die Produkte der Marke VWN verkörpern einen sehr hohen kulturellen Wert.	○	○	○	○	○
Die Produkte von VWN bieten eine sehr hohe Lebensqualität.	○	○	○	○	○
Die Marke VWN stellt zeitgemäße Produkte her.	○	○	○	○	○

zu Anhang 3

Die Produkte von VWN verkörpern ein bestimmtes Lebensgefühl.	○	○	○	○	○
Die Marke VWN steht für sehr konstante Werte.	○	○	○	○	○
Die Marke VWN zeichnet sich durch eine sehr beständige Kultur aus.	○	○	○	○	○
Die Produkte der Marke VWN stehen für eine gewisse Art zu leben.	○	○	○	○	○

18 [Seiten-ID: 433224] [L]

Grundwerte

Bitte geben Sie an, inwieweit die Marke VWN eine Marke mit festen Grundwerten ist.

Ist eine Marke mit überhaupt keinen Grundwerten ○ ○ ○ ○ ○ ○ ○ Ist eine Marke mit sehr festen Grundwerten

19 [Seiten-ID: 433228] [L]

Konsumentenwahrnehmung

Bitte beantworten Sie nun noch kurz die folgenden Fragen zur Konsumentenwahrnehmung der Marke VW Nutzfahrzeuge.

Bitte beachten Sie, dass sich diese Fragen weiterhin ausdrücklich auf die Marke VW Nutzfahrzeuge bezieht.

	Stimme gar nicht zu	stimme eher nicht zu	unent-schieden	stimme eher zu	stimme voll und ganz zu
Ich vertraue der Marke VWN sehr.	○	○	○	○	○
Die Marke VWN hält stets ihr Versprechen.	○	○	○	○	○
Die Marke VWN finde ich sehr sympathisch.	○	○	○	○	○
Ich verlasse mich sehr auf die Marke VWN.	○	○	○	○	○
Ich kaufe die Marke VWN regelmäßig.	○	○	○	○	○
Die Marke VWN erfüllt meine Erwartungen voll und ganz.	○	○	○	○	○
Ich schätze die Qualität der Marke VWN als sehr gut ein.	○	○	○	○	○
Ich finde die Marke VWN sehr gut.	○	○	○	○	○
Ich bin mit der Marke VWN sehr zufrieden.	○	○	○	○	○

20 [Seiten-ID: 433231] [L]

Konsumentenwahrnehmung 2

Bitte beantworten Sie nun noch die weiteren Fragen zur Konsumentenwahrnehmung der Marke VW Nutzfahrzeuge.

	Stimme gar nicht zu	stimme eher nicht zu	unent-schieden	stimme eher zu	stimme voll und ganz zu
Ich bin der Marke VWN sehr treu.	○	○	○	○	○
Ich verwende die Marke VWN sehr häufig.	○	○	○	○	○
Als VWN Fahrer habe ich nicht vor beim nächsten Kauf die Marke zu wechseln.	○	○	○	○	○
Ich würde es sehr bedauern, wenn die Marke VWN nicht mehr vorhanden wäre.	○	○	○	○	○
Ich würde die Marke VWN an meine Freunde weiterempfehlen.	○	○	○	○	○
Wenn es von der Marke VWN noch andere Produkte gäbe, würde ich sie bei Gelegenheit testen.	○	○	○	○	○
Ich habe die Absicht, in Zukunft die Marke VWN zu kaufen.	○	○	○	○	○
Ich bin bereit, für ein Produkt der Marke VWN mehr zu bezahlen als für ein durchschnittliches Produkt.	○	○	○	○	○
Ein Produkt der Marke VWN ist einen Aufpreis im Vergleich zu anderen Produkten wert.	○	○	○	○	○

21 [Seiten-ID: 433238] [L]

Ursprungsverbundenheit

Bitte geben Sie an, inwieweit die Marke VWN eine Verbindung zu ihren ursprünglichen Wurzeln aufweist.

weist überhaupt keine Verbindung zu ihren Wurzeln auf ○ ○ ○ ○ ○ ○ ○ weist eine sehr hohe Verbindung zu ihren Wurzeln auf

22 [Seiten-ID: 433240] [L]

Emotionalität

zu Anhang 3

Bitte beantworten Sie nun noch die letzten Fragen zur Konsumentenwahrnehmung der Marke VW Nutzfahrzeuge.

	Stimme gar nicht zu	stimme eher nicht zu	unent-schieden	stimme eher zu	stimme voll und ganz zu
Mit den Produkten der Marke VWN verbinde ich sehr großen Spaß am Fahren.	○	○	○	○	○
Die Produkte der Marke VWN sind stets auf dem neuesten Stand der Technik.	○	○	○	○	○
Freunde empfehlen mir häufig die Marke VWN.	○	○	○	○	○
Die Produkte der Marke VWN sind stets sehr komfortabel.	○	○	○	○	○
Bei der Marke VWN kann ich mir sicher sein, dass die Anschaffung ein sehr gutes Preis-Leistungsverhältnis aufweist.	○	○	○	○	○
Die Fahrzeuge der Marke VWN bieten stets ausreichend Stauraum.	○	○	○	○	○
VWN ist eine Marke für Leute wie du und ich.	○	○	○	○	○
Beim Kauf eines Produktes der Marke VWN empfinde ich die Atmosphäre als sehr angenehm.	○	○	○	○	○
	Stimme gar nicht zu	**stimme eher nicht zu**	**unent-schieden**	**stimme eher zu**	**stimme voll und ganz zu**
Die Produkte der Marke VWN kann man auch gebraucht bedenkenlos kaufen.	○	○	○	○	○
Die Marke VWN, hält stets was sie verspricht.	○	○	○	○	○
Mit Produkten der Marke VWN kann ich mich sehen lassen.	○	○	○	○	○
Die Marke VWN passt voll und ganz zu mir.	○	○	○	○	○
Die Marke VWN ist für mich absolut unverwechselbar.	○	○	○	○	○
Wenn ich die Marke VWN nutze, fühle ich mich sehr gut.	○	○	○	○	○
Ich empfinde die Fahrzeuge der Marke VWN als sehr sicher.	○	○	○	○	○
Die Produkte der Marke VWN stehen für sehr niedrige Betriebskosten.	○	○	○	○	○

23 [Seiten-ID: 433245] [L]

Soziodemographika - Geschlecht

Abschließend möchten wir Sie bitten, einige für die Auswertung wichtige persönliche Angaben zu machen.

Ihr Geschlecht?

○ männlich ○ weiblich

24 [Seiten-ID: 436679] [L]

Alter

Wie alt sind Sie?

zu Anhang 3

Alter in Jahren: < 18, 18, 19, 20, 21, 22, 23, 24, 25, 26, 27, 28, 29, 30, 31, 32, 33, 34, 35, 36, 37, 38, 39, 40, 41, 42, 43, 44, 45, 46, 47, 48, 49, 50, 51, 52, 53, 54, 55, 56, 57, 58, 59, 60, 61, 62, 63, 64, 65, 66, 67, 68, 69, 70, 71, 72, 73, 74, 75, 76, 77, 78, 79, 80, 81, 82, 83, 84, > 85

25 [Seiten-ID: 436681] [L]

Familienstand

Ihr Familienstand?

- ○ Ledig
- ○ Verheiratet
- ○ Verwitwet
- ○ Geschieden/getrennt lebend

26 [Seiten-ID: 436682] [L]

Bildungsabschluss

zu Anhang 3

Welches ist der höchste Bildungsabschluss, den Sie haben?

- ○ Hauptschulabschluss
- ○ Mittlere Reife/Realschulabschluss
- ○ Fachabitur/Fachhochschulreife
- ○ Abitur/Hochschulreife
- ○ Studium
- ○ kein Abschluss

27 [Seiten-ID: 436684] [L]

Finanzstatus

Wie würden Sie den finanziellen Status der Familie, in der Sie aufgewachsen sind, beschreiben?

- ○ Sehr geringes Einkommen
- ○ Geringes Einkommen
- ○ Mittleres Einkommen
- ○ Gehobenes Einkommen
- ○ Sehr hohes Einkommen
- ○ keine Angabe

28 [Seiten-ID: 436685] [L]

Tätigkeit

Welche Tätigkeit üben Sie derzeit hauptsächlich aus?

- ○ Vollzeit berufstätig
- ○ Teilzeit berufstätig
- ○ Rentner/Pensionär
- ○ Vorruhestand
- ○ Hausfrau/ -mann
- ○ Ausbildung
- ○ Student/in
- ○ Im Krankenstand
- ○ Arbeit suchend

29 [Seiten-ID: 436686] [L]

Berufsstellung

Welche Stellung üben Sie in Ihrem Beruf aus bzw. haben Sie ausgeübt?

- ○ Selbständig
- ○ Freiberufler
- ○ Angestellte/r
- ○ Leitende/r Angestellte/r
- ○ Beamte/r
- ○ Arbeiter/in
- ○ Student/in
- ○ Nicht berufstätig

30 [Seiten-ID: 436687] [L]

Einkommen

Welcher der folgenden Netto-Einkommensgruppen ist Ihr Haushalt zuzuordnen?

- ○ weniger als 500 Euro
- ○ 500 EUR bis unter 1.000 EUR
- ○ 1.000 EUR bis unter 2.000 EUR
- ○ 2.000 EUR bis unter 3.000 EUR
- ○ 3.000 EUR bis unter 4.000 EUR
- ○ 4.000 EUR bis unter 5.000 EUR

zu Anhang 3

○ mehr als 5.000 EUR
○ keine Angabe

31 [Seiten-ID: 442210] [L]

Verlosung

Vielen Dank für Ihre Teilnahme!

Als kleines Dankeschön verlosen wir die folgenden Preise:

1. Preis: Amazon-Gutschein im Wert von 50 EUR
2. - 6. Preis: Amazon-Gutschein im Wert von je 20 EUR

Um an der Verlosung teilzunehmen, tragen Sie bitte Ihre E-Mail Adresse ein, damit wir Sie im Falle des Gewinnes kontaktieren können.

E-Mail:
Wiederholung E-Mail:

32 [Seiten-ID: 442153] [L]

Weitere Befragung

Sie haben jetzt noch die Möglichkeit anzugeben, ob Sie per E-Mail zur Teilnahme an weiteren wissenschaftlichen Studien des Instituts für Marketing und Management der Leibniz Universität Hannover per E-Mail eingeladen werden wollen.

○ Ja, ich möchte per E-Mail eingeladen werden.
○ Nein, ich möchte per E-Mail nicht eingeladen werden.

33.1 [Seiten-ID: 442157] [L]

Daten weitere Befragung

Bitte geben Sie hier Ihre Kontaktdaten an, damit wir Sie zu weiteren Befragungen einladen können.

Vorname:
Name:
E-Mail-Adresse:
Wiederholung E-Mail-Adresse:

34 [Seiten-ID: 432379] [L]

Endseite

Vielen Dank für Ihre Zeit und Unterstützung, Sie haben uns sehr geholfen!

Fenster schließen

Quelle: Eigene Darstellung

Anhang 4: Häufigkeitsverteilung der Altersklassen

Altersklassen					
		Häufigkeit	Prozent	Gültige Prozente	Kumulierte Prozente
Gültig	unter 25 Jahre	251	38,1	38,1	38,1
	25 Jahre bis unter 35 Jahre	260	39,5	39,5	77,7
	35 Jahre bis unter 45 Jahre	69	10,5	10,5	88,1
	45 Jahre bis unter 55 Jahre	56	8,5	8,5	96,7
	über 55 Jahre	22	3,3	3,3	100,0
	Gesamt	658	100,0	100,0	

Quelle: Eigene Darstellung

Anhang 5: Graphische Darstellung zur Altersverteilung

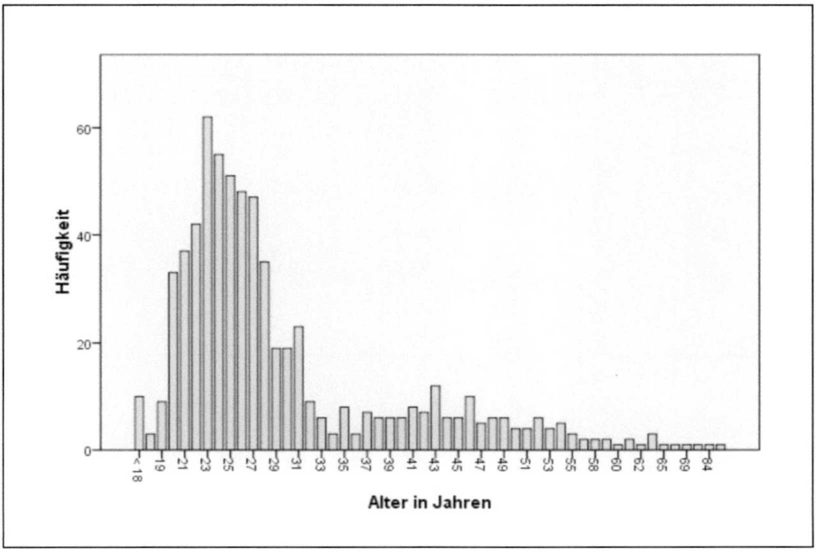

Quelle: Eigene Darstellung

Anhang 6: Häufigkeitsverteilung des Geschlechtes

Geschlechterverteilung					
		Häufigkeit	Prozent	Gültige Prozente	Kumulierte Prozente
Gültig	männlich	454	69,0	69,2	69,2
	weiblich	202	30,7	30,8	100,0
	Gesamt	656	99,7	100,0	
Fehlend	-77	2	0,3		
Gesamt		658	100,0		

Quelle: Eigene Darstellung

Anhang 7: Häufigkeitsverteilung des Bildungsabschlusses

Bildungsabschluss, -niveau					
		Häufigkeit	Prozent	Gültige Prozente	Kumulierte Prozente
Gültig	Hauptschulabschluss	12	1,8	1,8	1,8
	Mittlere Reife/Realschulabschluss	56	8,5	8,5	10,4
	Fachabitur/Fachhochschulreife	66	10,0	10,1	20,4
	Abitur/Hochschulreife	254	38,6	38,7	59,1
	Studium	267	40,6	40,7	99,8
	kein Abschluss	1	0,2	0,2	100,0
	Gesamt	656	99,7	100,0	
Fehlend	-77	2	0,3		
Gesamt		658	100,0		

Quelle: Eigene Darstellung

Anhang 8: Häufigkeitsverteilung der beruflichen Tätigkeit

Berufliche Tätigkeit					
		Häufigkeit	Prozent	Gültige Prozente	Kumulierte Prozente
Gültig	Vollzeit berufstätig	238	36,2	36,2	36,2
	Teilzeit berufstätig	28	4,3	4,3	40,4
	Rentner/Pensionär	12	1,8	1,8	42,2
	Vorruhestand	2	0,3	0,3	42,6
	Hausfrau/ -mann	2	0,3	0,3	42,9
	Ausbildung	12	1,8	1,8	44,7
	Student/in	346	52,6	52,6	97,3
	Im Krankenstand	1	0,2	0,2	97,4
	Arbeit suchend	17	2,6	2,6	100,0
	Gesamt	658	100,0	100,0	

Quelle: Eigene Darstellung

Anhang 9: Häufigkeitsverteilung des Einkommens

Einkommen					
		Häufigkeit	Prozent	Gültige Prozente	Kumulierte Prozente
Gültig	weniger als 500 Euro	60	9,1	9,1	9,1
	500 EUR bis unter 1.000 EUR	124	18,8	18,8	28,0
	1.000 EUR bis unter 2.000 EUR	121	18,4	18,4	46,4
	2.000 EUR bis unter 3.000 EUR	110	16,7	16,7	63,1
	3.000 EUR bis unter 4.000 EUR	72	10,9	10,9	74,0
	4.000 EUR bis unter 5.000 EUR	36	5,5	5,5	79,5
	mehr als 5.000 EUR	37	5,6	5,6	85,1
	keine Angabe	98	14,9	14,9	100,0
	Gesamt	658	100,0	100,0	

Quelle: Eigene Darstellung

Anhang 10: Häufigkeitsverteilung des Familienstandes

Familienstand					
		Häufigkeit	Prozent	Gültige Prozente	Kumulierte Prozente
Gültig	Ledig	493	74,9	75,2	75,2
	Verheiratet	145	22,0	22,1	97,3
	Verwitwet	3	0,5	0,5	97,7
	Geschieden/getrennt lebend	15	2,3	2,3	100,0
	Gesamt	656	99,7	100,0	
Fehlend	-77	2	0,3		
Gesamt		658	100,0		

Quelle: Eigene Darstellung

Anhang 11: Häufigkeitsverteilung des Finanzstatus

Finanzstatus					
		Häufigkeit	Prozent	Gültige Prozente	Kumulierte Prozente
Gültig	Sehr geringes Einkommen	24	3,6	3,6	3,6
	Geringes Einkommen	64	9,7	9,7	13,4
	Mittleres Einkommen	338	51,4	51,4	64,7
	Gehobenes Einkommen	188	28,6	28,6	93,3
	Sehr hohes Einkommen	13	2,0	2,0	95,3
	keine Angabe	31	4,7	4,7	100,0
	Gesamt	658	100,0	100,0	

Quelle: Eigene Darstellung

Anhang 12: Häufigkeitsverteilung der beruflichen Stellung

Berufliche Stellung					
		Häufigkeit	Prozent	Gültige Prozente	Kumulierte Prozente
Gültig	Selbständig	50	7,6	7,6	7,6
	Freiberufler	19	2,9	2,9	10,5
	Angestellte/r	187	28,4	28,4	38,9
	Leitende/r Angestellte/r	42	6,4	6,4	45,3
	Beamte/r	26	4,0	4,0	49,2
	Arbeiter/in	25	3,8	3,8	53,0
	Student/in	295	44,8	44,8	97,9
	Nicht berufstätig	14	2,1	2,1	100,0
	Gesamt	658	100,0	100,0	

Quelle: Eigene Darstellung

Anhang 13: Markenbekanntheit von VWN

Die Marke Volkswagen Nutzfahrzeuge (VWN) ist mir sehr gut bekannt.					
		Häufigkeit	Prozent	Gültige Prozente	Kumulierte Prozente
Gültig	Stimme gar nicht zu	13	2,0	2,0	2,0
	stimme eher nicht zu	37	5,6	5,6	7,6
	unentschieden	27	4,1	4,1	11,7
	stimme eher zu	159	24,2	24,2	35,9
	stimme voll und ganz zu	422	64,1	64,1	100,0
	Gesamt	658	100,0	100,0	

Quelle: Eigene Darstellung

Anhang 14: Traditionswahrnehmung der Marke VWN

VWN ist aus meiner Sicht eine besonders traditionsreiche Marke.					
		Häufigkeit	Prozent	Gültige Prozente	Kumulierte Prozente
Gültig	Stimme gar nicht zu	14	2,1	2,1	2,1
	stimme eher nicht zu	53	8,1	8,1	10,2
	unentschieden	95	14,4	14,4	24,6
	stimme eher zu	226	34,3	34,3	59,0
	stimme voll und ganz zu	270	41,0	41,0	100,0
	Gesamt	658	100,0	100,0	

Quelle: Eigene Darstellung

Anhang 15: Häufigkeitsverteilung des eigenen Traditionsbewusstseins

Verteilung des eigenen Traditionsbewusstseins (v_30)					
		Häufigkeit	Prozent	Gültige Prozente	Kumulierte Prozente
Gültig	1	24	3,6	3,6	3,6
	2	43	6,5	6,5	10,2
	3	54	8,2	8,2	18,4
	4	135	20,5	20,5	38,9
	5	172	26,1	26,1	65,0
	6	154	23,4	23,4	88,4
	7	76	11,6	11,6	100,0
	Gesamt	658	100,0	100,0	

Quelle: Eigene Darstellung

Anhang 16: Graphische Darstellung zur Verteilung des Traditionsbewusstseins

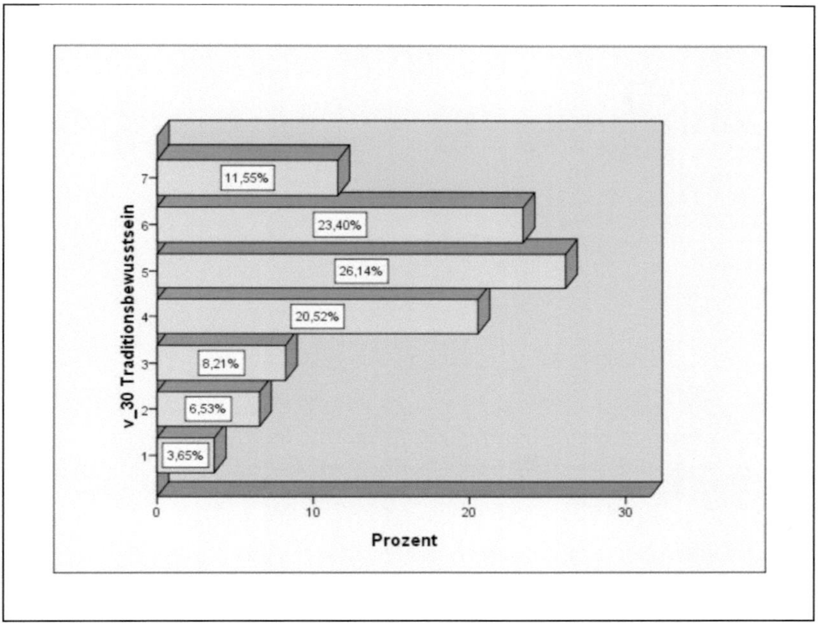

Quelle: Eigene Darstellung

Anhang 17: Regressionsanalyse zur Hypothese 1

Kollinearitätsdiagnose[a]

Modell	Dimension	Eigenwert	Konditionsindex	Varianzanteile (Konstante)	Varianzanteile Tradition
1	1	1,976	1,000	,01	,01
	2	,024	8,993	,99	,99

a. Abhängige Variable: Markenimage

Modellzusammenfassung[b]

Modell	R	R-Quadrat	Korrigiertes R-Quadrat	Standardfehler des Schätzers	Durbin-Watson-Statistik
1	,801[a]	,641	,640	,52934	1,934

a. Einflußvariablen : (Konstante), Tradition

b. Abhängige Variable: Markenimage

ANOVA[b]

Modell		Quadratsumme	df	Mittel der Quadrate	F	Signifikanz
1	Regression	328,255	1	328,255	1171,477	,000[a]
	Residuen	183,815	656	,280		
	Gesamt	512,070	657			

a. Einflußvariablen : (Konstante), Tradition

b. Abhängige Variable: Markenimage

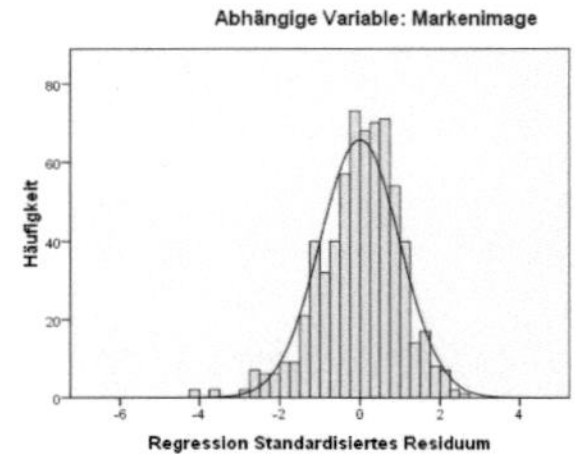

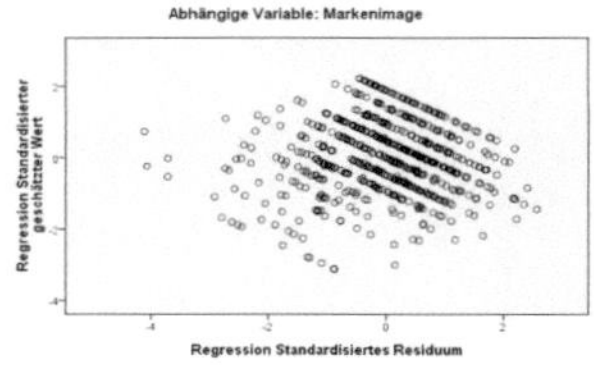

Koeffizienten[a]

Modell		Nicht standardisierte Koeffizienten B	Nicht standardisierte Koeffizienten Standardfehler	Standardisierte Koeffizienten Beta	T	Signifikanz	Kollinearitätsstatistik Toleranz	Kollinearitätsstatistik VIF
1	(Konstante)	,527	,094		5,606	,000		
	Tradition	,943	,028	,801	34,227	,000	1,000	1,000

a. Abhängige Variable: Markenimage

Quelle: Eigene Darstellung

Anhang 18: Regressionsanalyse zur Hypothese 2

Kollinearitätsdiagnose[a]

Modell	Dimension	Eigenwert	Konditionsindex	Varianzanteile (Konstante)	Varianzanteile Tradition
1	1	1,976	1,000	,01	,01
	2	,024	8,993	,99	,99

a. Abhängige Variable: Markenzufriedenheit

Modellzusammenfassung[b]

Modell	R	R-Quadrat	Korrigiertes R-Quadrat	Standardfehler des Schätzers	Durbin-Watson-Statistik
1	,706[a]	,498	,497	,67554	1,939

a. Einflußvariablen : (Konstante), Tradition

b. Abhängige Variable: Markenzufriedenheit

ANOVA[b]

Modell		Quadratsumme	df	Mittel der Quadrate	F	Signifikanz
1	Regression	296,791	1	296,791	650,354	,000[a]
	Residuen	299,367	656	,456		
	Gesamt	596,158	657			

a. Einflußvariablen : (Konstante), Tradition

b. Abhängige Variable: Markenzufriedenheit

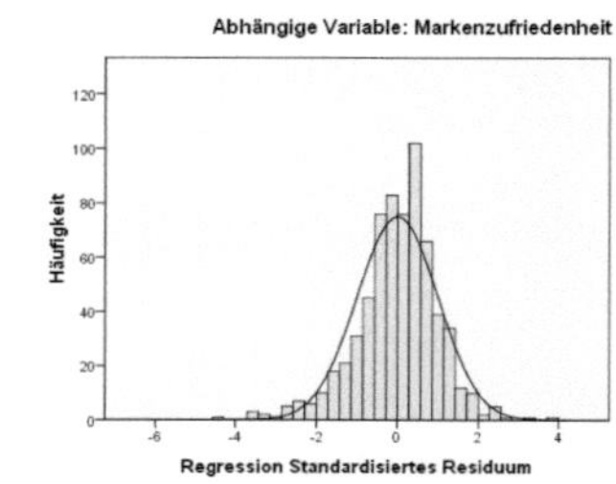

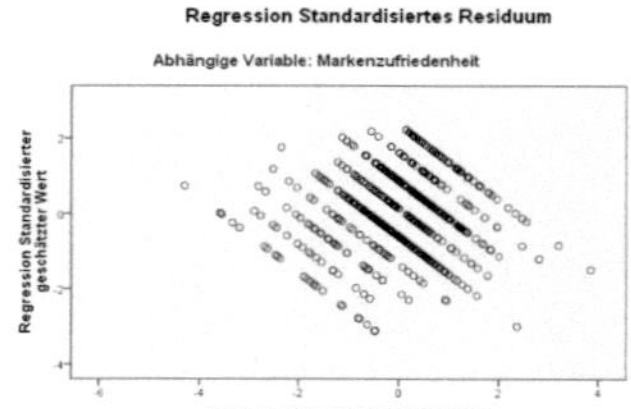

Koeffizienten[a]

Modell		Nicht standardisierte Koeffizienten B	Nicht standardisierte Koeffizienten Standardfehler	Standardisierte Koeffizienten Beta	T	Signifikanz	Kollinearitätsstatistik Toleranz	Kollinearitätsstatistik VIF
1	(Konstante)	,423	,120		3,531	,000		
	Tradition	,896	,035	,706	25,502	,000	1,000	1,000

a. Abhängige Variable: Markenzufriedenheit

Quelle: Eigene Darstellung

Anhang 19: Regressionsanalyse zur Hypothese 3

Kollinearitätsdiagnose[a]

Modell	Dimension	Eigenwert	Konditionsindex	Varianzanteile (Konstante)	Tradition
1	1	1,976	1,000	,01	,01
	2	,024	8,999	,99	,99

a. Abhängige Variable: Markenloyalität

Modellzusammenfassung[b]

Modell	R	R-Quadrat	Korrigiertes R-Quadrat	Standardfehler des Schätzers	Durbin-Watson-Statistik
1	,683[a]	,467	,466	,90045	1,532

a. Einflußvariablen : (Konstante), Tradition

b. Abhängige Variable: Markenloyalität

ANOVA[b]

Modell		Quadratsumme	df	Mittel der Quadrate	F	Signifikanz
1	Regression	463,472	1	463,472	571,614	,000[a]
	Residuen	529,461	653	,811		
	Gesamt	992,933	654			

a. Einflußvariablen : (Konstante), Tradition

b. Abhängige Variable: Markenloyalität

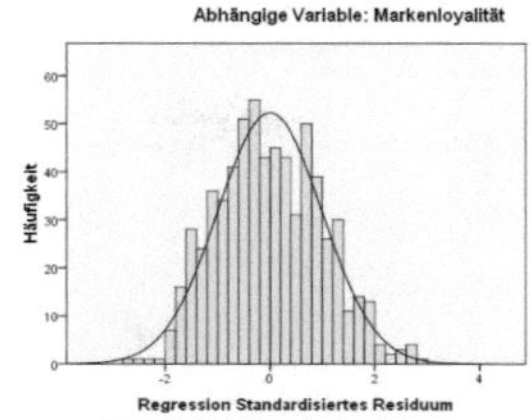

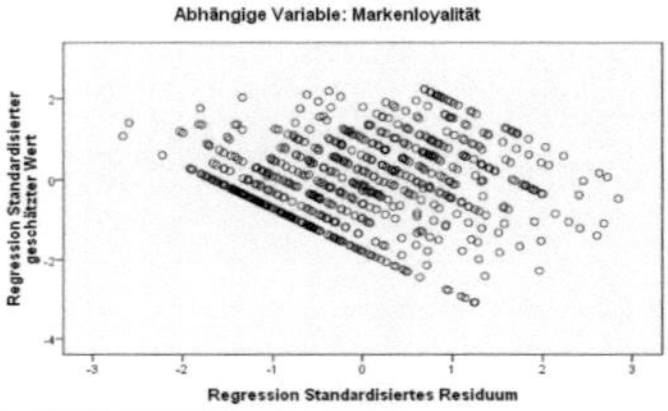

Koeffizienten[a]

Modell		Nicht standardisierte Koeffizienten B	Standardfehler	Standardisierte Koeffizienten Beta	T	Signifikanz	Kollinearitätsstatistik Toleranz	VIF
1	(Konstante)	-1,245	,160		-7,772	,000		
	Tradition	1,125	,047	,683	23,908	,000	1,000	1,000

a. Abhängige Variable: Markenloyalität

Quelle: Eigene Darstellung

Anhang 20: Regressionsanalyse zur Hypothese 4

Kollinearitätsdiagnose[a]

Modell	Dimension	Eigenwert	Konditionsindex	Varianzanteile (Konstante)	Tradition
1	1	1,976	1,000	,01	,01
	2	,024	9,070	,99	,99

a. Abhängige Variable: Preispremium

Modellzusammenfassung[b]

Modell	R	R-Quadrat	Korrigiertes R-Quadrat	Standardfehler des Schätzers	Durbin-Watson-Statistik
1	,597[a]	,357	,356	,94927	2,129

a. Einflußvariablen : (Konstante), Tradition

b. Abhängige Variable: Preispremium

ANOVA[b]

Modell		Quadratsumme	df	Mittel der Quadrate	F	Signifikanz
1	Regression	326,486	1	326,486	362,317	,000[a]
	Residuen	588,424	653	,901		
	Gesamt	914,910	654			

a. Einflußvariablen : (Konstante), Tradition

b. Abhängige Variable: Preispremium

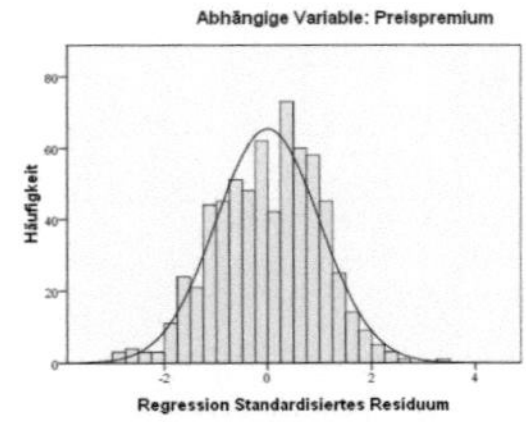

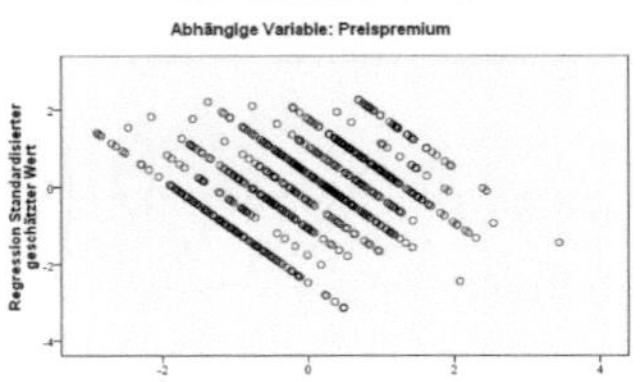

Koeffizienten[a]

Modell		Nicht standardisierte Koeffizienten B	Standardfehler	Standardisierte Koeffizienten Beta	T	Signifikanz	Kollinearitätsstatistik Toleranz	VIF
1	(Konstante)	-,406	,170		-2,387	,017		
	Tradition	,950	,050	,597	19,035	,000	1,000	1,000

a. Abhängige Variable: Preispremium

Quelle: Eigene Darstellung

Anhang 21: Regressionsanalyse zur Hypothese 5

Kollinearitätsdiagnose[a]

Modell	Dimension	Eigenwert	Konditionsindex	Varianzanteile	
				(Konstante)	Tradition
1	1	1,976	1,000	,01	,01
	2	,024	8,993	,99	,99

a. Abhängige Variable: Markenvertrauen

Modellzusammenfassung[b]

Modell	R	R-Quadrat	Korrigiertes R-Quadrat	Standardfehler des Schätzers	Durbin-Watson-Statistik
1	,743[a]	,552	,552	,61377	2,024

a. Einflußvariablen : (Konstante), Tradition

b. Abhängige Variable: Markenvertrauen

ANOVA[b]

Modell		Quadratsumme	df	Mittel der Quadrate	F	Signifikanz
1	Regression	304,719	1	304,719	808,890	,000[a]
	Residuen	247,123	656	,377		
	Gesamt	551,842	657			

a. Einflußvariablen : (Konstante), Tradition

b. Abhängige Variable: Markenvertrauen

Koeffizienten[a]

Modell		Nicht standardisierte Koeffizienten		Standardisierte Koeffizienten	T	Signifikanz	Kollinearitätsstatistik	
		B	Standardfehler	Beta			Toleranz	VIF
1	(Konstante)	,247	,109		2,271	,023		
	Tradition	,908	,032	,743	28,441	,000	1,000	1,000

a. Abhängige Variable: Markenvertrauen

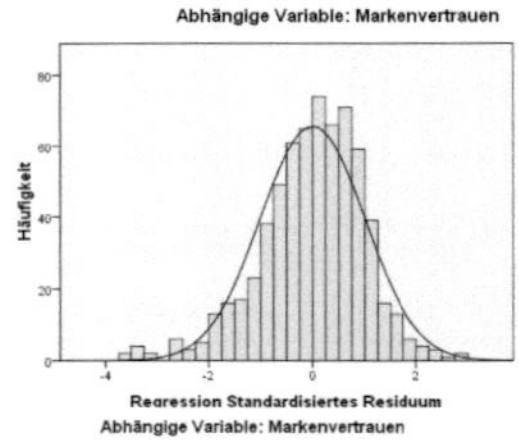

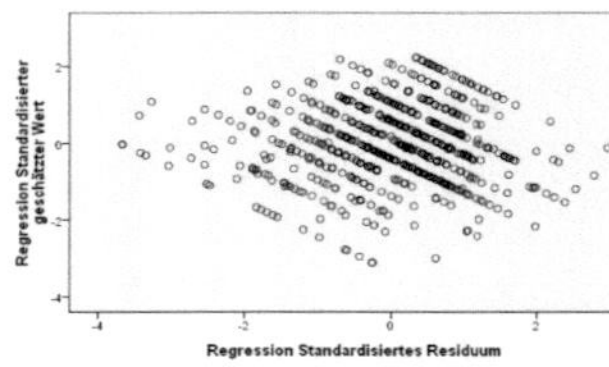

Quelle: Eigene Darstellung

Anhang 22: Regressionsanalyse zur Hypothese 6

Kollinearitätsdiagnose[a]

Modell	Dimension	Eigenwert	Konditionsindex	Varianzanteile	
				(Konstante)	Tradition
1	1	1,976	1,000	,01	,01
	2	,024	9,051	,99	,99

a. Abhängige Variable: Markenbindung

Modellzusammenfassung[b]

Modell	R	R-Quadrat	Korrigiertes R-Quadrat	Standardfehler des Schätzers	Durbin-Watson-Statistik
1	,774[a]	,599	,598	,62987	1,990

a. Einflußvariablen : (Konstante), Tradition

b. Abhängige Variable: Markenbindung

ANOVA[b]

Modell		Quadratsumme	df	Mittel der Quadrate	F	Signifikanz
1	Regression	382,943	1	382,943	965,221	,000[a]
	Residuen	256,295	646	,397		
	Gesamt	639,238	647			

a. Einflußvariablen : (Konstante), Tradition

b. Abhängige Variable: Markenbindung

Koeffizienten[a]

Modell		Nicht standardisierte Koeffizienten		Standardisierte Koeffizienten	T	Signifikanz	Kollinearitätsstatistik	
		B	Standardfehler	Beta			Toleranz	VIF
1	(Konstante)	,014	,113		,123	,902		
	Tradition	1,031	,033	,774	31,068	,000	1,000	1,000

a. Abhängige Variable: Markenbindung

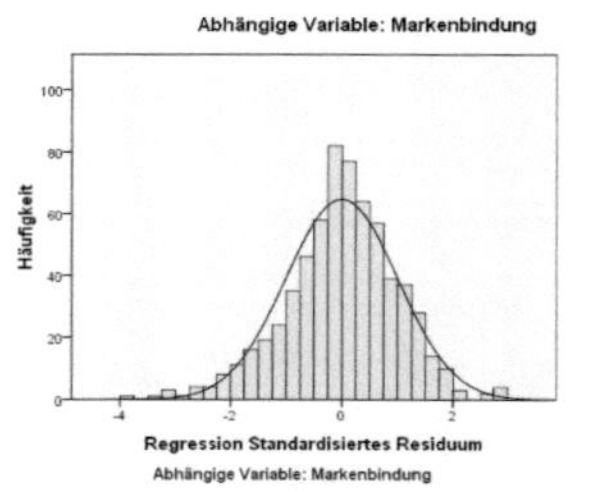

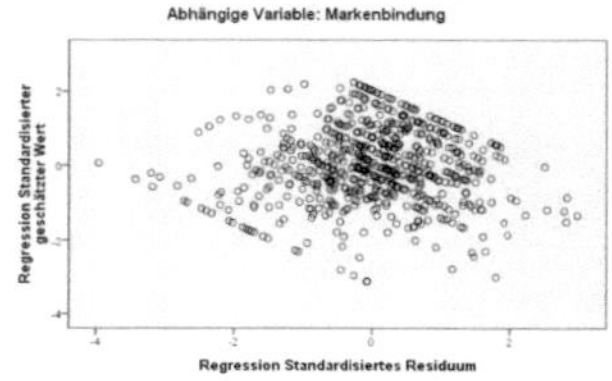

Quelle: Eigene Darstellung

Anhang 23: Regressionsanalyse zur Hypothese 7

Kollinearitätsdiagnose[a]

Modell	Dimension	Eigenwert	Konditionsindex	Varianzanteile (Konstante)	Varianzanteile Tradition
1	1	1,976	1,000	,01	,01
	2	,024	9,047	,99	,99

a. Abhängige Variable: Kaufabsicht

Modellzusammenfassung[b]

Modell	R	R-Quadrat	Korrigiertes R-Quadrat	Standardfehler des Schätzers	Durbin-Watson-Statistik
1	,560[a]	,314	,313	1,10762	2,063

a. Einflußvariablen : (Konstante), Tradition

b. Abhängige Variable: Kaufabsicht

ANOVA[b]

Modell		Quadratsumme	df	Mittel der Quadrate	F	Signifikanz
1	Regression	365,804	1	365,804	298,172	,000[a]
	Residuen	798,661	651	1,227		
	Gesamt	1164,466	652			

a. Einflußvariablen : (Konstante), Tradition

b. Abhängige Variable: Kaufabsicht

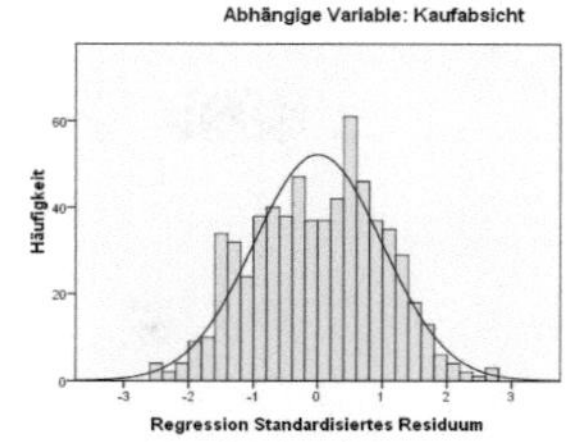

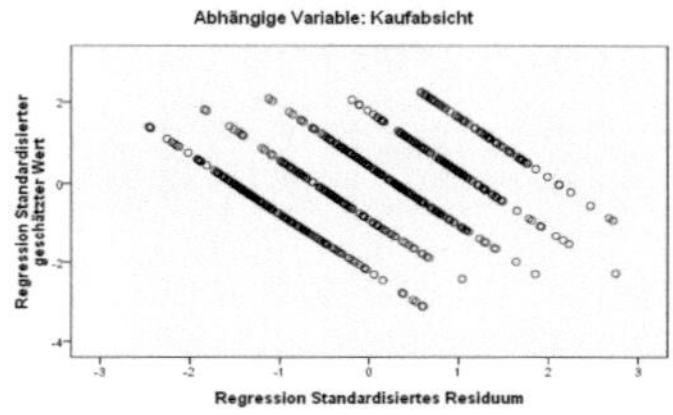

Koeffizienten[a]

Modell		Nicht standardisierte Koeffizienten B	Standardfehler	Standardisierte Koeffizienten Beta	T	Signifikanz	Kollinearitätsstatistik Toleranz	VIF
1	(Konstante)	-,666	,198		-3,355	,001		
	Tradition	1,004	,058	,560	17,268	,000	1,000	1,000

a. Abhängige Variable: Kaufabsicht

Quelle: Eigene Darstellung

Anhang 24: Regressionsanalyse zur Hypothese 8

Kollinearitätsdiagnose[a]

Modell	Dimension	Eigenwert	Konditionsindex	Varianzanteile (Konstante)	Varianzanteile Markenimage
1	1	1,972	1,000	,01	,01
	2	,028	8,424	,99	,99

a. Abhängige Variable: Markenzufriedenheit

Modellzusammenfassung[b]

Modell	R	R-Quadrat	Korrigiertes R-Quadrat	Standardfehler des Schätzers	Durbin-Watson-Statistik
1	,794[a]	,630	,630	,57961	1,903

a. Einflußvariablen : (Konstante), Markenimage

b. Abhängige Variable: Markenzufriedenheit

ANOVA[b]

Modell		Quadratsumme	df	Mittel der Quadrate	F	Signifikanz
1	Regression	375,775	1	375,775	1118,547	,000[a]
	Residuen	220,383	656	,336		
	Gesamt	596,158	657			

a. Einflußvariablen : (Konstante), Markenimage

b. Abhängige Variable: Markenzufriedenheit

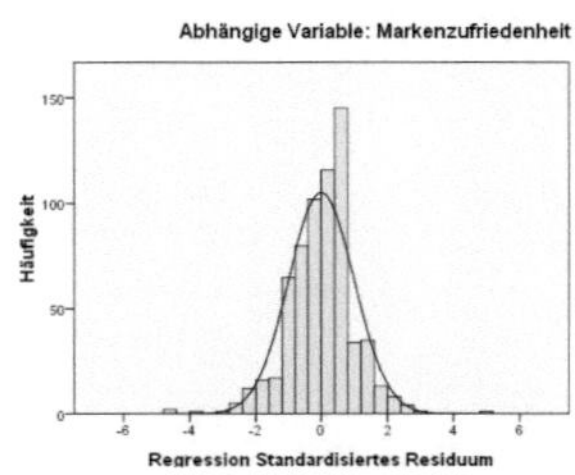

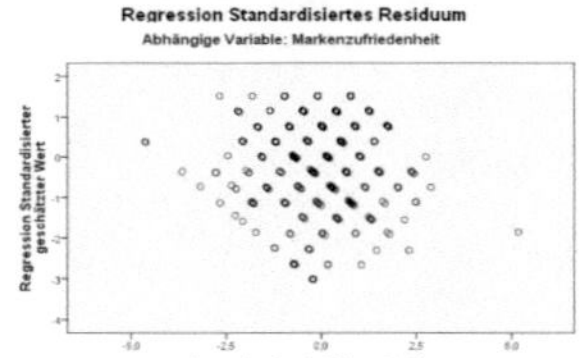

Koeffizienten[a]

Modell		Nicht standardisierte Koeffizienten B	Standardfehler	Standardisierte Koeffizienten Beta	T	Signifikanz	Kollinearitätsstatistik Toleranz	VIF
1	(Konstante)	,268	,097		2,774	,006		
	Markenimage	,857	,026	,794	33,445	,000	1,000	1,000

a. Abhängige Variable: Markenzufriedenheit

Quelle: Eigene Darstellung

Anhang 25: Regressionsanalyse zur Hypothese 9

Kollinearitätsdiagnose[a]

Modell	Dimension	Eigenwert	Konditionsindex	Varianzanteile (Konstante)	Varianzanteile Markenimage	Varianzanteile Markenzufriedenheit
1	1	2,948	1,000	,01	,00	,00
	2	,040	8,625	,88	,03	,20
	3	,013	15,315	,12	,96	,80

a. Abhängige Variable: Markenvertrauen

Modellzusammenfassung[b]

Modell	R	R-Quadrat	Korrigiertes R-Quadrat	Standardfehler des Schätzers	Durbin-Watson-Statistik
1	,872[a]	,761	,760	,44883	1,972

a. Einflußvariablen : (Konstante), Markenzufriedenheit, Markenimage

b. Abhängige Variable: Markenvertrauen

ANOVA[b]

Modell		Quadratsumme	df	Mittel der Quadrate	F	Signifikanz
1	Regression	419,892	2	209,946	1042,175	,000[a]
	Residuen	131,950	655	,201		
	Gesamt	551,842	657			

a. Einflußvariablen : (Konstante), Markenzufriedenheit, Markenimage

b. Abhängige Variable: Markenvertrauen

Koeffizienten[a]

Modell		Nicht standardisierte Koeffizienten B	Nicht standardisierte Koeffizienten Standardfehler	Standardisierte Koeffizienten Beta	T	Signifikanz	Kollinearitätsstatistik Toleranz	Kollinearitätsstatistik VIF
1	(Konstante)	-,005	,075		-,070	,944		
	Markenimage	,508	,033	,489	15,568	,000	,370	2,705
	Markenzufriedenheit	,415	,030	,432	13,735	,000	,370	2,705

a. Abhängige Variable: Markenvertrauen

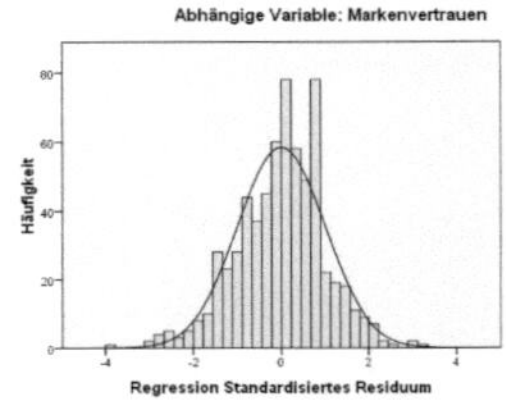

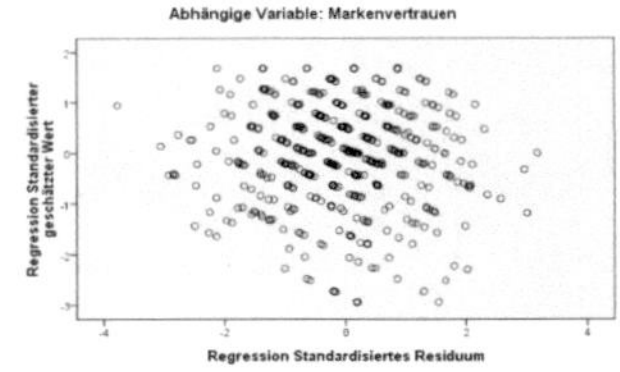

Quelle: Eigene Darstellung

Anhang 26: Regressionsanalyse zur Hypothese 10

Kollinearitätsdiagnose[a]

Modell	Dimension	Eigenwert	Konditionsindex	Varianzanteile (Konstante)	Varianzanteile Markenimage	Varianzanteile Markenzufriedenheit	Varianzanteile Markenvertrauen
1	1	3,930	1,000	,00	,00	,00	,00
	2	,046	9,276	,86	,01	,06	,05
	3	,014	16,822	,02	,17	,94	,27
	4	,010	19,473	,11	,83	,00	,68

a. Abhängige Variable: Markenloyalität

Modellzusammenfassung[b]

Modell	R	R-Quadrat	Korrigiertes R-Quadrat	Standardfehler des Schätzers	Durbin-Watson-Statistik
1	,551[a]	,303	,300	1,03094	1,495

a. Einflußvariablen : (Konstante), Markenvertrauen, Markenzufriedenheit, Markenimage

b. Abhängige Variable: Markenloyalität

ANOVA[b]

Modell		Quadratsumme	df	Mittel der Quadrate	F	Signifikanz
1	Regression	301,027	3	100,342	94,410	,000[a]
	Residuen	691,906	651	1,063		
	Gesamt	992,933	654			

a. Einflußvariablen : (Konstante), Markenvertrauen, Markenzufriedenheit, Markenimage

b. Abhängige Variable: Markenloyalität

Koeffizienten[a]

Modell		Nicht standardisierte Koeffizienten B	Nicht standardisierte Koeffizienten Standardfehler	Standardisierte Koeffizienten Beta	T	Signifikanz	Kollinearitätsstatistik Toleranz	Kollinearitätsstatistik VIF
1	(Konstante)	-,148	,173		-,855	,393		
	Markenimage	,131	,088	,094	1,491	,136	,271	3,686
	Markenzufriedenheit	,353	,079	,273	4,480	,000	,288	3,469
	Markenvertrauen	,294	,090	,218	3,273	,001	,240	4,158

a. Abhängige Variable: Markenloyalität

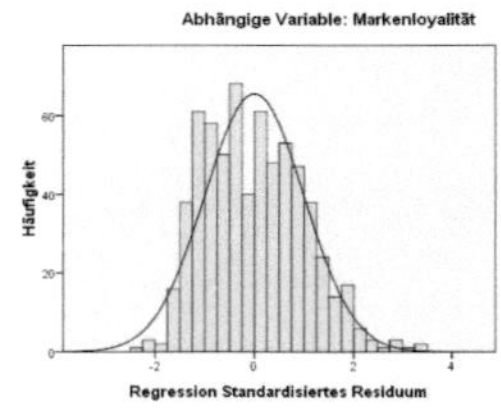

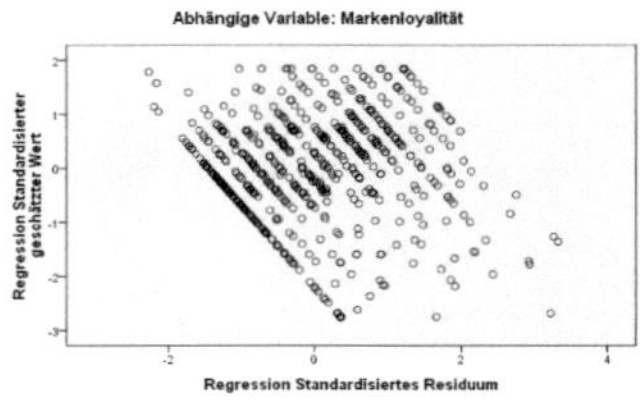

Quelle: Eigene Darstellung

Anhang 27: Regressionsanalyse zur Hypothese 11

Kollinearitätsdiagnose[a]

Modell	Dimension	Eigenwert	Konditionsindex	Varianzanteile (Konstante)	Markenimage	Markenzufriedenheit	Markenvertrauen
1	1	3,931	1,000	,00	,00	,00	,00
	2	,045	9,399	,86	,01	,06	,05
	3	,014	16,948	,02	,16	,94	,28
	4	,010	19,509	,12	,84	,00	,66

a. Abhängige Variable: Markenbindung

Modellzusammenfassung[b]

Modell	R	R-Quadrat	Korrigiertes R-Quadrat	Standardfehler des Schätzers	Durbin-Watson-Statistik
1	,771[a]	,595	,593	,63401	1,839

a. Einflußvariablen : (Konstante), Markenvertrauen, Markenzufriedenheit, Markenimage

b. Abhängige Variable: Markenbindung

ANOVA[b]

Modell		Quadratsumme	df	Mittel der Quadrate	F	Signifikanz
1	Regression	380,373	3	126,791	315,429	,000[a]
	Residuen	258,865	644	,402		
	Gesamt	639,238	647			

a. Einflußvariablen : (Konstante), Markenvertrauen, Markenzufriedenheit, Markenimage

b. Abhängige Variable: Markenbindung

Koeffizienten[a]

Modell		Nicht standardisierte Koeffizienten B	Standardfehler	Standardisierte Koeffizienten Beta	T	Signifikanz	Kollinearitätsstatistik Toleranz	VIF
1	(Konstante)	,275	,109		2,530	,012		
	Markenimage	,416	,054	,365	7,648	,000	,276	3,620
	Markenzufriedenheit	,253	,049	,239	5,147	,000	,292	3,430
	Markenvertrauen	,240	,055	,220	4,340	,000	,245	4,081

a. Abhängige Variable: Markenbindung

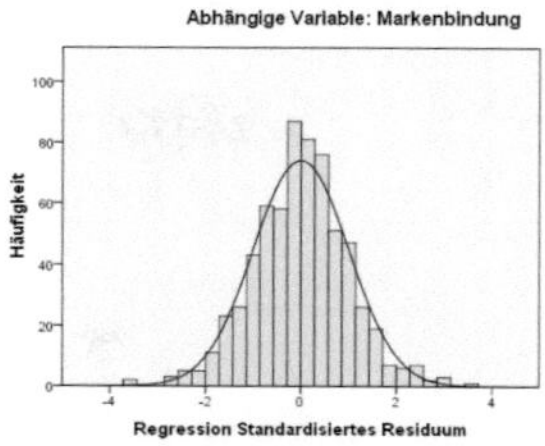

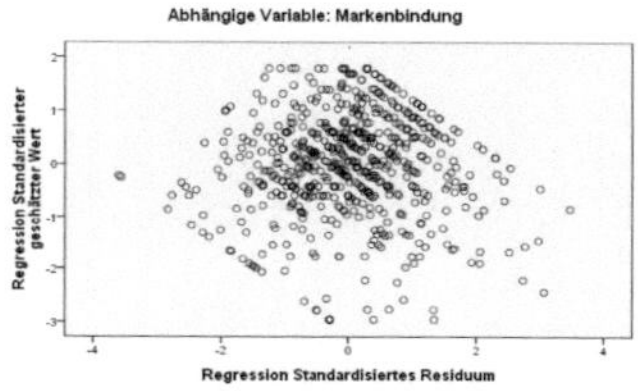

Quelle: Eigene Darstellung

Anhang 28: Regressionsanalyse zur Hypothese 12

Kollinearitätsdiagnose[a]

Modell	Dimension	Eigenwert	Konditionsindex	Varianzanteile (Konstante)	Markenbindung
1	1	1,961	1,000	,02	,02
	2	,039	7,086	,98	,98

a. Abhängige Variable: Markenloyalität

Modellzusammenfassung[b]

Modell	R	R-Quadrat	Korrigiertes R-Quadrat	Standardfehler des Schätzers	Durbin-Watson-Statistik
1	,698[a]	,487	,487	,88475	1,671

a. Einflußvariablen : (Konstante), Markenbindung

b. Abhängige Variable: Markenloyalität

ANOVA[b]

Modell		Quadratsumme	df	Mittel der Quadrate	F	Signifikanz
1	Regression	478,432	1	478,432	611,199	,000[a]
	Residuen	503,324	643	,783		
	Gesamt	981,756	644			

a. Einflußvariablen : (Konstante), Markenbindung

b. Abhängige Variable: Markenloyalität

Koeffizienten[a]

Modell		Nicht standardisierte Koeffizienten B	Standardfehler	Standardisierte Koeffizienten Beta	T	Signifikanz	Kollinearitätsstatistik Toleranz	VIF
1	(Konstante)	-,494	,126		-3,921	,000		
	Markenbindung	,868	,035	,698	24,722	,000	1,000	1,000

a. Abhängige Variable: Markenloyalität

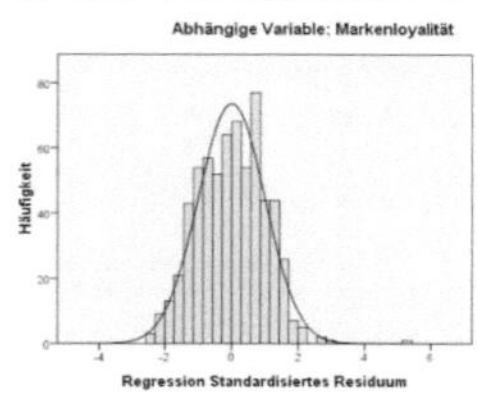

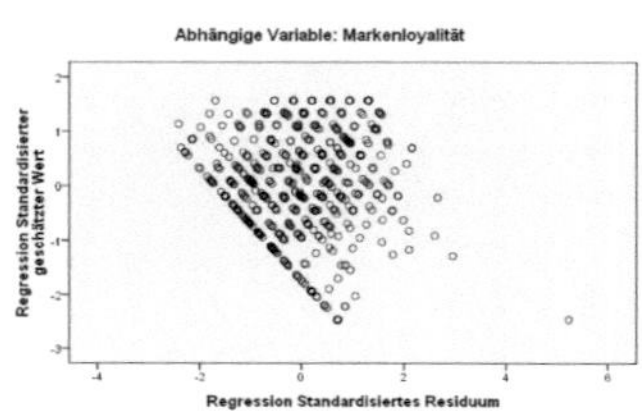

Quelle: Eigene Darstellung

Anhang 29: Regressionsanalyse zur Hypothese 13

Kollinearitätsdiagnose[a]

Modell	Dimension	Eigenwert	Konditionsindex	Varianzanteile (Konstante)	Markenimage	Markenloyalität	Markenbindung
1	1	3,842	1,000	,00	,00	,01	,00
	2	,114	5,817	,12	,02	,58	,00
	3	,030	11,309	,79	,14	,28	,22
	4	,014	16,347	,08	,84	,13	,78

a. Abhängige Variable: Preispremium

Modellzusammenfassung[b]

Modell	R	R-Quadrat	Korrigiertes R-Quadrat	Standardfehler des Schätzers	Durbin-Watson-Statistik
1	,664[a]	,440	,438	,88445	2,034

a. Einflußvariablen : (Konstante), Markenbindung, Markenloyalität, Markenimage

b. Abhängige Variable: Preispremium

ANOVA[b]

Modell		Quadratsumme	df	Mittel der Quadrate	F	Signifikanz
1	Regression	393,290	3	131,097	167,588	,000[a]
	Residuen	499,863	639	,782		
	Gesamt	893,152	642			

a. Einflußvariablen : (Konstante), Markenbindung, Markenloyalität, Markenimage

b. Abhängige Variable: Preispremium

Koeffizienten[a]

Modell		Nicht standardisierte Koeffizienten B	Standardfehler	Standardisierte Koeffizienten Beta	T	Signifikanz	Kollinearitätsstatistik Toleranz	VIF
1	(Konstante)	-,267	,154		-1,735	,083		
	Markenimage	,344	,059	,253	5,820	,000	,462	2,163
	Markenloyalität	,146	,040	,153	3,699	,000	,515	1,943
	Markenbindung	,405	,063	,341	6,451	,000	,314	3,185

a. Abhängige Variable: Preispremium

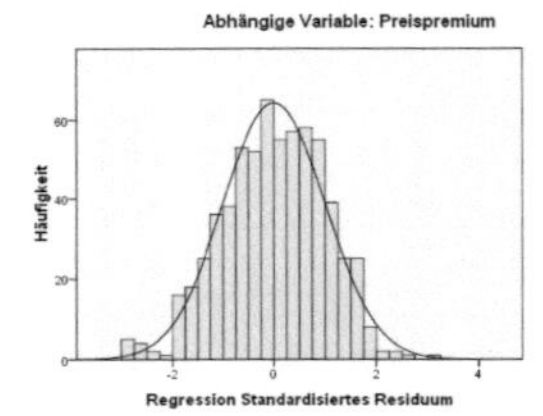

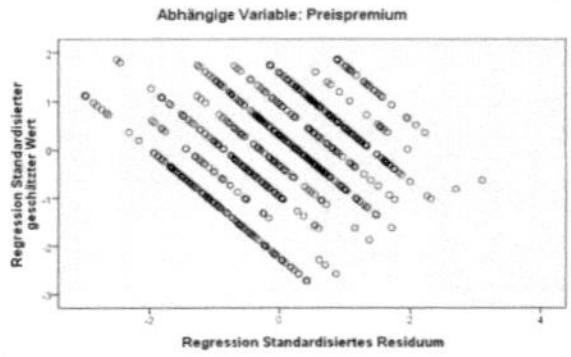

Quelle: Eigene Darstellung

Anhang 30: Regressionsanalyse zur Hypothese 14

Kollinearitätsdiagnose[a]

Modell	Dimension	Eigenwert	Konditionsindex	Varianzanteile (Konstante)	Markenimage	Markenloyalität	Markenbindung
1	1	3,842	1,000	,00	,00	,01	,00
	2	,114	5,810	,12	,02	,58	,00
	3	,030	11,384	,79	,15	,28	,23
	4	,014	16,318	,08	,84	,13	,77

a. Abhängige Variable: Kaufabsicht

Modellzusammenfassung[b]

Modell	R	R-Quadrat	Korrigiertes R-Quadrat	Standardfehler des Schätzers	Durbin-Watson-Statistik
1	,650[a]	,422	,419	1,01816	2,019

a. Einflußvariablen : (Konstante), Markenbindung, Markenloyalität, Markenimage

b. Abhängige Variable: Kaufabsicht

ANOVA[b]

Modell		Quadratsumme	df	Mittel der Quadrate	F	Signifikanz
1	Regression	482,615	3	160,872	155,185	,000[a]
	Residuen	661,379	638	1,037		
	Gesamt	1143,994	641			

a. Einflußvariablen : (Konstante), Markenbindung, Markenloyalität, Markenimage

b. Abhängige Variable: Kaufabsicht

Koeffizienten[a]

Modell		Nicht standardisierte Koeffizienten B	Standardfehler	Standardisierte Koeffizienten Beta	T	Signifikanz	Kollinearitätsstatistik Toleranz	VIF
1	(Konstante)	,081	,178		,454	,650		
	Markenimage	,101	,068	,065	1,480	,139	,464	2,155
	Markenloyalität	,457	,046	,422	10,034	,000	,513	1,949
	Markenbindung	,313	,072	,232	4,330	,000	,316	3,166

a. Abhängige Variable: Kaufabsicht

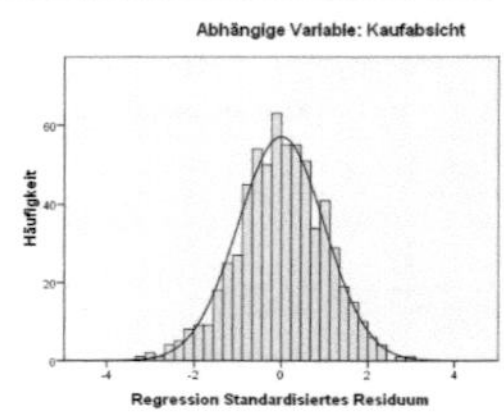

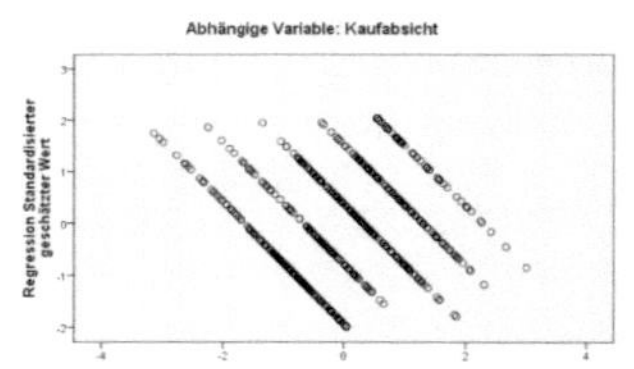

Quelle: Eigene Darstellung

Anhang 31: Mittelwerte der Traditionsbestandteile nach Gruppen

Gruppenspezifische Mittelwerte der Traditionsbestandteile

		N	Mittelwert	Standardabweichung
Imaginationsstärke	Nutzer	458	3,6816	,88687
	Mitfahrer	151	3,2395	,94120
	kein Produktkontakt	49	2,9048	,96102
	Gesamt	658	3,5223	,93880
Vertrautheit	Nutzer	458	3,8986	,94176
	Mitfahrer	151	3,0587	,89827
	kein Produktkontakt	49	2,5509	1,02389
	Gesamt	658	3,6055	1,04368
Mythos	Nutzer	458	3,3961	,99304
	Mitfahrer	151	2,9013	,82598
	kein Produktkontakt	49	2,4097	,85598
	Gesamt	658	3,2091	,99450
Glaubwürdigkeit	Nutzer	458	3,3036	,93025
	Mitfahrer	151	3,2287	,77728
	kein Produktkontakt	49	3,0541	,81717
	Gesamt	658	3,2678	,89068
Bekanntheitswert	Nutzer	458	3,7912	,90424
	Mitfahrer	151	3,4959	,85447
	kein Produktkontakt	49	3,0359	,93779
	Gesamt	658	3,6672	,92027
Identitätswert	Nutzer	458	3,5942	,91827
	Mitfahrer	151	3,1641	,77975
	kein Produktkontakt	49	2,7734	,71404
	Gesamt	658	3,4344	,91092
Identitätsrelevanz	Nutzer	458	2,6544	1,10995
	Mitfahrer	151	1,8338	,86350
	kein Produktkontakt	49	1,6112	,70347
	Gesamt	658	2,3884	1,10833
Differenzierungswert	Nutzer	458	3,3263	,93300
	Mitfahrer	151	2,9704	,84139
	kein Produktkontakt	49	2,8200	,78966
	Gesamt	658	3,2069	,92013

Prestigewert	Nutzer	458	3,5879	,83032
	Mitfahrer	151	3,3256	,74372
	kein Produktkontakt	49	2,9813	,72591
	Gesamt	658	3,4825	,82248
Kontinuität	Nutzer	458	3,6871	,79279
	Mitfahrer	151	3,5832	,71653
	kein Produktkontakt	49	3,2551	,74379
	Gesamt	658	3,6311	,77980
Erfolgssinnbilder	Nutzer	458	3,5046	,93724
	Mitfahrer	151	3,1767	,87199
	kein Produktkontakt	49	2,6176	,92292
	Gesamt	658	3,3633	,95405
Bindungswert	Nutzer	458	3,0493	1,25357
	Mitfahrer	151	2,0625	1,00063
	kein Produktkontakt	49	1,6930	,69369
	Gesamt	658	2,7219	1,26903
Orientierungswert	Nutzer	458	3,4260	,84710
	Mitfahrer	151	3,1644	,72668
	kein Produktkontakt	49	2,9174	,76134
	Gesamt	658	3,3281	,82914
Kulturelles Wertsediment	Nutzer	458	3,6120	,84921
	Mitfahrer	151	3,3347	,69288
	kein Produktkontakt	49	2,9289	,77154
	Gesamt	658	3,4975	,83311
Kulturwert	Nutzer	458	3,6286	,92788
	Mitfahrer	151	3,2600	,88456
	kein Produktkontakt	49	2,9236	,88887
	Gesamt	658	3,4915	,94058

Quelle: Eigene Darstellung

Anhang 32: ANOVA der Traditionsbestandteile

Varianzanalyse der Traditionsbestrandteile

Bonferroni

Abhängige Variable	(I) Gruppe	(J) Gruppe	Mittlere Differenz (I-J)	Standardfehler	Signifikanz
Imaginationsstärke	Nutzer	Mitfahrer	,44208*	,08494	,000
		kein Produktkontakt	,77681*	,13605	,000
	Mitfahrer	Nutzer	-,44208*	,08494	,000
		kein Produktkontakt	,33474	,14882	,074
	kein Produktkontakt	Nutzer	-,77681*	,13605	,000
		Mitfahrer	-,33474	,14882	,074
Vertrautheit	Nutzer	Mitfahrer	,83986*	,08805	,000
		kein Produktkontakt	1,34768*	,14103	,000
	Mitfahrer	Nutzer	-,83986*	,08805	,000
		kein Produktkontakt	,50783*	,15427	,003
	kein Produktkontakt	Nutzer	-1,34768*	,14103	,000
		Mitfahrer	-,50783*	,15427	,003
Mythos	Nutzer	Mitfahrer	,49475*	,08892	,000
		kein Produktkontakt	,98635*	,14243	,000
	Mitfahrer	Nutzer	-,49475*	,08892	,000
		kein Produktkontakt	,49160*	,15580	,005
	kein Produktkontakt	Nutzer	-,98635*	,14243	,000
		Mitfahrer	-,49160*	,15580	,005
Glaubwürdigkeit	Nutzer	Mitfahrer	,07491	,08346	1,000
		kein Produktkontakt	,24947	,13368	,187
	Mitfahrer	Nutzer	-,07491	,08346	1,000
		kein Produktkontakt	,17457	,14623	,699
	kein Produktkontakt	Nutzer	-,24947	,13368	,187
		Mitfahrer	-,17457	,14623	,699
Bekanntheitswert	Nutzer	Mitfahrer	,29539*	,08405	,001
		kein Produktkontakt	,75531*	,13462	,000
	Mitfahrer	Nutzer	-,29539*	,08405	,001
		kein Produktkontakt	,45992*	,14725	,006
	kein Produktkontakt	Nutzer	-,75531*	,13462	,000
		Mitfahrer	-,45992*	,14725	,006

Identitätswert	Nutzer	Mitfahrer	,43008*	,08207	,000
		kein Produktkontakt	,82082*	,13146	,000
	Mitfahrer	Nutzer	-,43008*	,08207	,000
		kein Produktkontakt	,39074*	,14379	,020
	kein Produktkontakt	Nutzer	-,82082*	,13146	,000
		Mitfahrer	-,39074*	,14379	,020
Identitäts-relevanz	Nutzer	Mitfahrer	,82054*	,09691	,000
		kein Produktkontakt	1,04321*	,15523	,000
	Mitfahrer	Nutzer	-,82054*	,09691	,000
		kein Produktkontakt	,22266	,16980	,571
	kein Produktkontakt	Nutzer	-1,04321*	,15523	,000
		Mitfahrer	-,22266	,16980	,571
Differenzier-ungswert	Nutzer	Mitfahrer	,35588*	,08472	,000
		kein Produktkontakt	,50636*	,13571	,001
	Mitfahrer	Nutzer	-,35588*	,08472	,000
		kein Produktkontakt	,15048	,14844	,933
	kein Produktkontakt	Nutzer	-,50636*	,13571	,001
		Mitfahrer	-,15048	,14844	,933
Prestigewert	Nutzer	Mitfahrer	,26227*	,07544	,002
		kein Produktkontakt	,60657*	,12084	,000
	Mitfahrer	Nutzer	-,26227*	,07544	,002
		kein Produktkontakt	,34431*	,13218	,028
	kein Produktkontakt	Nutzer	-,60657*	,12084	,000
		Mitfahrer	-,34431*	,13218	,028
Kontinuität	Nutzer	Mitfahrer	,10392	,07248	,456
		kein Produktkontakt	,43201*	,11610	,001
	Mitfahrer	Nutzer	-,10392	,07248	,456
		kein Produktkontakt	,32809*	,12699	,030
	kein Produktkontakt	Nutzer	-,43201*	,11610	,001
		Mitfahrer	-,32809*	,12699	,030
Erfolgssinn-bilder	Nutzer	Mitfahrer	,32783*	,08649	,000
		kein Produktkontakt	,88693*	,13853	,000
	Mitfahrer	Nutzer	-,32783*	,08649	,000
		kein Produktkontakt	,55910*	,15153	,001
	kein Produktkontakt	Nutzer	-,88693*	,13853	,000
		Mitfahrer	-,55910*	,15153	,001

Bindungswert	Nutzer	Mitfahrer	,98679*	,10947	,000
		kein Produktkontakt	1,35629*	,17535	,000
	Mitfahrer	Nutzer	-,98679*	,10947	,000
		kein Produktkontakt	,36950	,19180	,163
	kein Produktkontakt	Nutzer	-1,35629*	,17535	,000
		Mitfahrer	-,36950	,19180	,163
Orientierungs-wert	Nutzer	Mitfahrer	,26160*	,07647	,002
		kein Produktkontakt	,50865*	,12248	,000
	Mitfahrer	Nutzer	-,26160*	,07647	,002
		kein Produktkontakt	,24705	,13398	,197
	kein Produktkontakt	Nutzer	-,50865*	,12248	,000
		Mitfahrer	-,24705	,13398	,197
Kulturelles Wertsediment	Nutzer	Mitfahrer	,27728*	,07605	,001
		kein Produktkontakt	,68307*	,12181	,000
	Mitfahrer	Nutzer	-,27728*	,07605	,001
		kein Produktkontakt	,40579*	,13324	,007
	kein Produktkontakt	Nutzer	-,68307*	,12181	,000
		Mitfahrer	-,40579*	,13324	,007
Kulturwert	Nutzer	Mitfahrer	,36852*	,08589	,000
		kein Produktkontakt	,70500*	,13757	,000
	Mitfahrer	Nutzer	-,36852*	,08589	,000
		kein Produktkontakt	,33648	,15049	,077
	kein Produktkontakt	Nutzer	-,70500*	,13757	,000
		Mitfahrer	-,33648	,15049	,077

*. Die Differenz der Mittelwerte ist auf dem Niveau 0.05 signifikant.

Quelle: Eigene Darstellung

Anhang 33: Mittelwerte der Konsumentenverhaltensfaktoren nach Gruppen

Gruppenspezifische Mittelwerte der Konsumentenverhaltensfaktoren				
		N	Mittelwert	Standardabweichung
Markenimage	Nutzer	458	3,7807	,89083
	Mitfahrer	151	3,5084	,77051
	kein Produktkontakt	49	3,0416	,80976
	Gesamt	658	3,6632	,88284
Markenzufriedenheit	Nutzer	458	3,5731	,97091
	Mitfahrer	151	3,1192	,76965
	kein Produktkontakt	49	2,7245	,77097
	Gesamt	658	3,4058	,95257
Markenvertrauen	Nutzer	458	3,3874	,93349
	Mitfahrer	151	3,1146	,78164
	kein Produktkontakt	49	2,6439	,82666
	Gesamt	658	3,2694	,91648
Markenloyalität	Nutzer	455	2,8670	1,20430
	Mitfahrer	151	1,7318	,83131
	kein Produktkontakt	49	1,3596	,59023
	Gesamt	655	2,4925	1,23217
Markenbindung	Nutzer	450	3,6825	,93624
	Mitfahrer	149	3,0859	,86053
	kein Produktkontakt	49	2,4251	,91875
	Gesamt	648	3,4503	,99398
Kaufabsicht	Nutzer	453	2,9470	1,33099
	Mitfahrer	151	2,1391	1,14333
	kein Produktkontakt	49	1,8571	1,09924
	Gesamt	653	2,6784	1,33641
Preispremium	Nutzer	456	2,8969	1,18614
	Mitfahrer	150	2,5933	1,09971
	kein Produktkontakt	49	1,9490	1,01676
	Gesamt	655	2,7565	1,18277

Quelle: Eigene Darstellung

Anhang 34: ANOVA der Konsumentenverhaltensfaktoren

Varianzanalyse zu den Faktoren des Konsumentenverhaltens

Bonferroni

Abhängige Variable	(I) Gruppe	(J) Gruppe	Mittlere Differenz (I-J)	Standardfehler	Signifikanz
Markenimage	Nutzer	Mitfahrer	,27227*	,08060	,002
		kein Produktkontakt	,73913*	,12910	,000
	Mitfahrer	Nutzer	-,27227*	,08060	,002
		kein Produktkontakt	,46686*	,14121	,003
	kein Produktkontakt	Nutzer	-,73913*	,12910	,000
		Mitfahrer	-,46686*	,14121	,003
Marken-zufriedenheit	Nutzer	Mitfahrer	,45394*	,08585	,000
		kein Produktkontakt	,84865*	,13750	,000
	Mitfahrer	Nutzer	-,45394*	,08585	,000
		kein Produktkontakt	,39472*	,15041	,027
	kein Produktkontakt	Nutzer	-,84865*	,13750	,000
		Mitfahrer	-,39472*	,15041	,027
Marken-vertrauen	Nutzer	Mitfahrer	,27274*	,08383	,004
		kein Produktkontakt	,74350*	,13427	,000
	Mitfahrer	Nutzer	-,27274*	,08383	,004
		kein Produktkontakt	,47076*	,14687	,004
	kein Produktkontakt	Nutzer	-,74350*	,13427	,000
		Mitfahrer	-,47076*	,14687	,004
Marken-loyalität	Nutzer	Mitfahrer	1,13526*	,10265	,000
		kein Produktkontakt	1,50742*	,16433	,000
	Mitfahrer	Nutzer	-1,13526*	,10265	,000
		kein Produktkontakt	,37216	,17969	,116
	kein Produktkontakt	Nutzer	-1,50742*	,16433	,000
		Mitfahrer	-,37216	,17969	,116
Marken-bindung	Nutzer	Mitfahrer	,59662*	,08678	,000
		kein Produktkontakt	1,25744*	,13811	,000
	Mitfahrer	Nutzer	-,59662*	,08678	,000
		kein Produktkontakt	,66082*	,15119	,000
	kein Produktkontakt	Nutzer	-1,25744*	,13811	,000
		Mitfahrer	-,66082*	,15119	,000

Kaufabsicht	Nutzer	Mitfahrer	,80795*	,11970	,000
		kein Produktkontakt	1,08988*	,19157	,000
	Mitfahrer	Nutzer	-,80795*	,11970	,000
		kein Produktkontakt	,28193	,20944	,536
	kein Produktkontakt	Nutzer	-1,08988*	,19157	,000
		Mitfahrer	-,28193	,20944	,536
Preispremium	Nutzer	Mitfahrer	,30360*	,10873	,016
		kein Produktkontakt	,94795*	,17366	,000
	Mitfahrer	Nutzer	-,30360*	,10873	,016
		kein Produktkontakt	,64435*	,19007	,002
	kein Produktkontakt	Nutzer	-,94795*	,17366	,000
		Mitfahrer	-,64435*	,19007	,002

*. Die Differenz der Mittelwerte ist auf dem Niveau 0.05 signifikant.

Anhang 35: Drei qualitative und exemplarische Kurzinterviews

Kurzinterview zum Thema: Markentradition von Volkswagen Nutzfahrzeuge (VWN)

Datum: 16. Juni 2009
Forum: www.vw-bulli.de

Guten Tag,

nochmals **vielen Dank**, dass Sie an meiner Umfrage teilgenommen haben. Wie ich Ihnen bereits geschrieben habe, geht es bei der Umfrage nicht darum VWN gut dastehen zu lassen. Daher interessieren mich besonders **negative Meinungen** zur Markentradition von VWN. Ich würde mich sehr freuen, wenn Sie mir ein **kurzes Statement** zu den folgenden Fragen liefern könnten.

Sind Sie der Meinung, dass die Marke VWN besonders traditionsreich ist?

„...Keine Ahnung ob VWN besonderes traditionsreich ist. Ich kenne die Marke kaum. Dafür aber die Produkte umso besser! Wären die Fragen nicht über VWN gestellt worden, sondern über meinen geliebten T3 hätte ich jeweils die Höchstpunktzahl gegeben, aber so...“

Wodurch kommt Ihre geäußerte, negative Einstellung zustande?

„...Die neuen Produkte sind viel zu überteuert. Selbst gebraucht sind sie teilweise nicht zu bezahlen. Da das früher nicht so war, rege ich mich so sehr darüber auf...Die neuen Produkte mögen zwar toll sein, jedoch kann sie sich auch keiner mehr leisten...“

Was könnte VWN in aus Ihrer Sicht besser machen?

„...Ganz klar. Die neuen Fahrzeuge günstiger! Ein echter Busfahrer braucht keine Wurzelholzoptik oder einen Krokodillederschaltknauf. Ein Bus für unter 30000 Euro mit solidem Motor und angemessenem Verbrauch reicht vollkommen aus, ein neuer T3 halt ...“

Vielen Dank für Ihre Mühen! Sie haben mir sehr geholfen.

Besten Gruß

Thomas Wüstefeld (alias T1-Tommy)

Kurzinterview zum Thema:
Markentradition von Volkswagen Nutzfahrzeuge (VWN)

Datum: 19. Juni 2009
Forum: www.bulli.org

Guten Tag,

nochmals **vielen Dank**, dass Sie an meiner Umfrage teilgenommen haben. Wie ich Ihnen bereits geschrieben habe, geht es bei der Umfrage nicht darum VWN gut dastehen zu lassen. Daher interessieren mich besonders **negative Meinungen** zur Markentradition von VWN. Ich würde mich sehr freuen, wenn Sie mir ein **kurzes Statement** zu den folgenden Fragen liefern könnten.

Sind Sie der Meinung, dass die Marke VWN besonders traditionsreich ist?

„...Bei VWN handelt es sich nicht um die Marke oder Firma von der unsere Bullis stammen. VWN gibt es doch erst seit 1995 somit wahren sie Traditions- und Geschichtsbewusstseinsfragen eher Makulatur, bei 14 Jahre rede ich nicht von Geschichte, die hat VW aber nicht VWN...VWN ernten nur die Lorbeeren vom Stammhaus...“

Wodurch kommt Ihre geäußerte, negative Einstellung zustande?

„...das Preis-/Leistungverhältnis in Verbindung mit mangelndem Service und fehlender Kundenbindung hat nichts mehr mit der ursprünglichen (Kult-)Traditionsmarke zu tun!...“

Was könnte VWN in aus Ihrer Sicht besser machen?

„...Einen soliden VW-Bus bauen, der den Namen „Volkswagen“ auch verdient...“ Außerdem sollte der Service verbessert werden. Geh mal mit einem Wasserboxer zu einer VW-Partner-Werkstatt. Die fragen dich wo der Motor ist! Positiv bei VWN fällt mir das 60-Jahre-Bulli-Treffen ein. Das zeigt wenigstens, dass da noch Interesse für die Vergangenheit ist...“

Vielen Dank für Ihre Mühen! Sie haben mir sehr geholfen.

Besten Gruß

Thomas Wüstefeld (alias T1-Tommy)

Kurzinterview zum Thema:
Markentradition von Volkswagen Nutzfahrzeuge (VWN)

Datum:	23. Juni 2009
Forum:	www.bulliforum.com

Guten Tag,

nochmals **vielen Dank**, dass Sie an meiner Umfrage teilgenommen haben. Wie ich Ihnen bereits geschrieben habe, geht es bei der Umfrage nicht darum VWN gut dastehen zu lassen. Daher interessieren mich besonders **negative Meinungen** zur Markentradition von VWN. Ich würde mich sehr freuen, wenn Sie mir ein **kurzes Statement** zu den folgenden Fragen liefern könnten.

Sind Sie der Meinung, dass die Marke VWN besonders traditionsreich ist?

„...Mir stellt sich die Frage wer ist VWN? Dabei muss ich immer an irgendwelche Manager in Anzügen an irgendwelchen Konferenztischen denken. VWN ist für mich ein Wirtschaftsunternehmen mit dem Ziel Gewinne zu machen. Dieses Gewinnstreben ist sehr unsympathisch und hat mit Tradition nichts zu tun...“

Wodurch kommt Ihre geäußerte, negative Einstellung zustande?

„...Wie soll man den von Tradition sprechen, wenn die es nicht einmal schaffen für meinen 20 Jahre alten Bus passende Ersatzteile zu liefern?! Wenn ich z.B. einen Bremskraftregler brauche heißt es nur „Ersatzlos entfallen“, ich frag mich was VWN sich einbildet!...“

Was könnte VWN in aus Ihrer Sicht besser machen?

„...Sich etwas Volksnäher und Verständnis für unsere Probleme zeigen. Immerhin sind wir Kunden. Es sollte mindestens gewährleistet sein, dass entsprechende Ersatzteile zu bekommen sind. Bei Mercedes wird man nicht dumm angeguckt, wenn man für sein 40 Jahre altes Auto Teile bestellen will!...“

Vielen Dank für Ihre Mühen! Sie haben mir sehr geholfen.

Besten Gruß

Thomas Wüstefeld (alias T1-Tommy)

MIX
Papier aus verantwortungsvollen Quellen
Paper from responsible sources
FSC® C105338

Printed by Books on Demand GmbH, Norderstedt / Germany